编审委员会

学术顾问

杜国城　全国高职高专教学指导委员会秘书长　教授
季　翔　徐州建筑学院　教授
黄　维　清华大学美术学院　教授
罗　力　四川美术学院　教授
郝大鹏　四川美术学院　教授
陈　航　西南大学美术学院　教授
李　巍　四川美术学院　教授
夏镜湖　四川美术学院　教授
杨仁敏　四川美术学院　教授
余　强　四川美术学院　教授
张　雪　北京航空航天大学新媒体艺术系　教授

主编

沈渝德　四川美术学院　教授
中国建筑学会室内设计分会专家委员会委员、重庆十九分会主任委员
高职高专教育土建类专业教学指导委员会委员
建筑类专业指导分委员会副主任委员

编委

李　巍　四川美术学院　教授
夏镜湖　四川美术学院　教授
杨仁敏　四川美术学院　教授
沈渝德　四川美术学院　教授
刘　蔓　四川美术学院　教授
杨　敏　广州工业大学设计学院　副教授
邹艳红　四川教育学院　教授
胡　虹　重庆工商大学　教授
余　鲁　重庆三峡学院美术学院　教授
文　红　重庆教育学院　教授
罗晓容　重庆工商大学　教授
曾　强　重庆交通大学　教授

成都艺术职业学院重点专业建设经费支助

高等职业教育艺术设计"十二五"规划教材

ART DESIGN SERIES

餐厅空间设计教程

Restaurant Space Design Course

刘可 编著

国家一级出版社
全国百佳图书出版单位

西南师范大学出版社
XINAN SHIFAN DAXUE CHUBANSHE

图书在版编目（CIP）数据

餐厅空间设计教程 / 刘可编著. -- 重庆：西南师范大学出版社，2016.4（2019.1重印）
ISBN 978-7-5621-7807-1

Ⅰ. ①餐… Ⅱ. ①刘… Ⅲ. ①餐厅－室内装饰设计－教材 Ⅳ. ①TU238

中国版本图书馆CIP数据核字（2016）第059943号

丛书策划：李远毅　王正端

高等职业教育艺术设计"十二五"规划教材
主　　编：沈渝德

餐厅空间设计教程　刘可 编著
CANTING KONGJIAN SHEJI JIAOCHENG

责任编辑：袁　理
整体设计：沈　悦

西南师范大学出版社（出版发行）
地　　址：重庆市北碚区天生路2号　　邮政编码：400715
本社网址：http://www.xscbs.com　　电　话：（023）68860895
网上书店：http://xnsfdxcbs.tmall.com　　传　真：（023）68208984

经　　销：新华书店
排　　版：重庆新金雅迪艺术印刷有限公司·康欢欢　沈文会
印　　刷：重庆康豪彩印有限公司
开　　本：889mm×1194mm　1/16
印　　张：6
字　　数：180千字
版　　次：2016年8月　第1版
印　　次：2019年1月　第2次印刷
ISBN 978 - 7 - 5621 - 7807-1
定　　价：42.00元

本书如有印装质量问题，请与我社读者服务部联系更换。读者服务部电话：(023)68252507
市场营销部电话: (023)68868624　68253705

西南师范大学出版社美术分社欢迎赐稿。
美术分社电话: (023)68254657　68254107

序
Preface 沈渝德

职业教育是现代教育的重要组成部分，是工业化和生产社会化、现代化的重要支柱。

高等职业教育的培养目标是人才培养的总原则和总方向，是开展教育教学的基本依据。人才规格是培养目标的具体化，是组织教学的客观依据，是区别于其他教育类型的本质所在。

高等职业教育与普通高等教育的主要区别在于：各自的培养目标不同，侧重点不同。职业教育以培养实用型、技能型人才为目的，培养面向生产第一线所急需的技术、管理、服务人才。

高等职业教育以能力为本位，突出对学生能力的培养。这些能力包括收集和选择信息的能力、在规划和决策中运用这些信息和知识的能力、解决问题的能力、实践能力、合作能力、适应能力等。

现代高等职业教育培养的人才应具有基础理论知识适度、技术应用能力强、知识面较宽、素质高等特点。

高等职业艺术设计教育的课程特色是由其特定的培养目标和特殊人才的规格所决定的。课程是教育活动的核心，课程内容是构成系统的要素，集中反映了高等职业艺术设计教育的特性和功能，而合理的课程设置是人才规格准确定位的基础。

本艺术设计系列教材编写的指导思想是从教学实际出发，以高等职业艺术设计教学大纲为基础，遵循艺术设计教学的基本规律，注重学生的学习心理，采用单元制教学的体例架构，使之能有效地用于实际的教学活动，力图贴近培养目标、贴近教学实践、贴近学生需求。

本艺术设计系列教材编写的一个重要宗旨就是要实用——教师能用于课堂教学，学生能照着做，课后学生愿意阅读。教学目标设置不要求过高，但需适应高等职业设计人才的培养目标，有足够的信息量和良好的实用价值。

本艺术设计系列教材的教学内容以培养一线人才的岗位技能为宗旨，充分体现培养目标。在课程设计上以职业活动的行为过程为导向，按照理论教学与实践并重、相互渗透的原则，将基础知识、专业知识合理地组合成一个专业技术知识体系。理论课教学内容根据培养应用型人才的特点，求精不求全，不过多强调高深的理论知识，做到浅而实在、学以致用；而专业必修课的教学内容覆盖了专业所需的所有理论，知识面广、综合性强，有利于培养"宽基础、复合型"的职业技术人才。

现代设计作为人类创造活动的一种重要形式，具有不可忽略的社会价值、经济价值、文化价值和审美价值，已与国家的命运、社会的物质文明和精神文明建设密切相关。重视与推广设计产业和设计教育，成为关系到国家发展的重要任务。因此，许多经济发达国家都把发展设计产业和设计教育作为一种基本国策，放在国家发展的战略高度来把握。

近年来，国内的艺术设计教育已有很大的发展，但在学科建设上还存在许多问题。主要表现在缺乏优秀的师资、教学理念落后、教学方式陈旧，缺乏完整而行之有效的教育体系和教学模式，这点在高等职业艺术设计教育上表现得尤为突出。

作为对高等职业艺术设计教育的探索，我们期望通过这套教材的策划与编写构建一种科学合理的教学模式，开拓一种新的教学思路，规范教学活动与教学行为，以便有效地推动教学质量的提升，同时便于有效地进行教学管理。我们也注意到艺术设计教学活动个性化的特点，在教材的设计理论阐述深度上、教学方法和组织方式上、课堂作业布置等方面给任课教师预留了一定的灵动空间。

我们认为教师在教学过程中不再是知识的传授者、讲解者，而是指导者、咨询者；学生不再是被动地接受，而是主动地获取，这样才能有效地培养学生的自觉性和责任心。在教学手段上，应该综合运用演示法、互动法、讨论法、调查法、练习法、读书指导法、观摩法、实习实验法及现代化电教手段，体现个体化教学，使学生的积极性得到最大限度的调动，学生的独立思考能力、创新能力得到全面的提高。

对于本系列教材中表述的设计理论及观念，我们充分注重其时代性，力求有全新的视点，紧跟社会发展的步伐，尽可能地吸收新理论、新思维、新观念、新方法，展现一个全新的思维空间。

本系列教材根据目前国内高等职业教育艺术设计开设课程的需求，规划了设计基础、视觉传达、环境艺术、数字媒体、服装设计五个板块，大部分课题已相继出版。

为确保教材的整体质量，本系列教材的作者都是聘请在设计教学第一线的、有丰富教学经验的教师，学术顾问特别聘请国内具有相当知名度的教授担任，并由具有高级职称的专家教授组成的编委会共同策划编写。

本系列教材自出版以来，由于具有良好的适教性，贴近教学实践，有明确的针对性，引导性强，被国内许多高等职业院校艺术设计专业采用。

为更好地服务于艺术设计教育，此次修订主要从以下四个方面进行：

完整性。一是根据目前国内高等职业艺术设计的课程设置，完善教材欠缺的课题；二是对已出版的教材在内容架构上有欠缺和不足的地方进行补充和修改。

适教性。进一步强化课程的内容设计、整体架构、教学目标、实施方式及手段等方面，更加贴近教学实践，方便教学部门根据本教材，引导学生主动学习。

时代性。艺术设计教育必须与时代发展同步，具有一定的前瞻性，教材修订中及时融合一些新的设计观念、表现方法，使教材具有鲜明的时代性。

示范性。教材中的附图不仅是对文字论述的形象佐证，而且也是学生学习借鉴的成功范例，具有良好的示范性，此次修订对附图进行了大幅度的更新。

作为高等职业艺术设计教材建设的一种探索与尝试，我们期望通过这次修订能有效地提高教材的整体质量，更好地服务于我国艺术设计高等职业教育。

前言
Foreword

　　高等职业教育（以下简称高职教育），从20世纪80年代在我国兴起以来，发展很快，到现在已形成了具有相当规模的高等教育体系。它在社会经济发展和国民教育中的重要性与特殊作用，已越来越受到整个社会的重视。

　　餐厅空间设计是基于高职教育的特殊性、市场的定向性和行业的针对性等因素而设置的一门课程。旨在培养具有一定的环境艺术设计理念与创意思维以及十分熟练的实际运用能力的设计人才。随着我国经济建设的日新月异、突飞猛进，人民生活水平的不断提高，人们对自身环境和公共消费空间有了越来越高的要求。这不仅需要一批专业的创新型设计人才，同时也需要更多有一定专业素养的综合型应用技术人才。

　　当今社会，餐饮作为人们生活的重要组成部分，在人们的生活方式与交流方式中都不可缺少。它不断接受经济变革浪潮的洗礼，同时也一次又一次接受文化的检验，成为当代大众文化的新亮点。面对今天经济和技术的高速发展、同行的激烈竞争、顾客的挑剔、众多的品评家和来势迅猛的不同文化浪潮的冲击……餐饮场所也发生了翻天覆地的变化。它早已不是简单的饱腹解渴的场所，而是融入了丰富文化内涵的公共空间。设计师的热情与智慧，无疑对餐饮空间审美品位与文化价值的提升产生了重要影响。

　　《餐厅空间设计教程》是根据高职设计人才的培养目标与人才培养标准而编写的，因而它在教材体系、教学方法等方面都有其自身的特点并注重对学生综合实际能力的培养。

　　本教程不仅有对基础理论的讲解，还有对与设计实践紧密结合的设计方法与技巧的介绍。基础理论包括社会文明发展与餐饮文化的演变、餐厅空间设计的基本原理和基本原则。在让学生掌握基本理论知识与实践相结合的单元里，除了讲授设计的基本程序和流程及设计方法、制图的规范性和应用，分析大量的优秀设计案例外，还特别安排了社会实践部分，以便让学生走向社会对一定课题做社会调查，培养其适应社会的综合能力。本教程十分注重学习方法的培养，因而从思维角度和设计技能两个方面介绍了学习方法，便于学生在走上工作岗位后能灵活地运用知识。

　　为了彰显餐厅空间设计的艺术审美价值，本教程还在最后一个单元里专门讲解了餐饮文化的主题问题。旨在从文化课题的研究中挖掘学生的艺术潜质，提高学生的艺术审美情趣。

　　本书在结构上共分四个板块：餐厅空间设计的基本概念与要求、餐厅空间设计的基本程序、餐厅空间设计的方法、餐厅空间设计的主题概念。书中还列举了大量中外经典设计作品，为本教程提供了直观的教学示范。

　　餐厅空间设计是一项浩繁的工程，内容丰富，涉及面很广。由于本书侧重点和容量的限制，编写有一定的难度，未能对餐饮的管理及相关的设备等问题展开讨论。限于本人水平，加之时间仓促，教材中难免有偏颇与不足之处，希望同行和专家批评指正。

目录 Contents

教学导引 01

第一教学单元 餐厅空间设计的基本概念与要求 03
一、餐饮文化的发展历程 04
（一）中国餐饮文化的发展历程 04
（二）国外餐饮文化的发展 05
二、餐厅空间设计的基本概念与分类 06
（一）餐厅空间设计的基本概念 06
（二）餐厅空间设计的基本分类 08
三、餐厅空间设计的基本原则 12
（一）满足使用功能的要求 12
（二）满足精神功能的要求 21
（三）满足技术功能的要求 21
（四）具有独特个性的要求 21
（五）满足顾客目标导向的要求 22
（六）满足适应性的要求 22
（七）满足经济的要求 22
（八）满足销售餐饮产品功能 22
（九）满足制作餐饮产品功能 23
四、单元教学导引 24

第二教学单元 餐厅空间设计的基本程序 25
一、设计策划准备阶段 26
（一）设计项目现场的分析报告 26
（二）业主的分析报告 26
（三）市场分析报告 26
（四）顾客的情感需求报告 26
（五）资料的分析报告 26
（六）咨询报告的搜集 27
二、方案设计阶段 27
（一）提出设计计划任务书 27
（二）了解业主的项目计划任务 27
（三）了解业主对该餐厅的经济投入情况 27
（四）餐厅方案设计阶段 28
三、施工图设计阶段 30
（一）平面图的深化阶段 30
（二）室内立面展开图 33
（三）顶棚平面图 35
（四）室内预想图 39
（五）室内装饰材料实样版面 42
（六）设计意图说明和造价概算 43
（七）施工设计大样图 43
（八）方案确定阶段 43

四、施工图实施阶段 45
五、单元教学导引 46

第三教学单元 餐厅空间设计的方法 47
一、从思维的角度来谈餐厅设计的学习方法 48
（一）学习观察生活和体验生活的思维方法 48
（二）提出问题的思维方法 48
（三）角色互换的思维方法 48
（四）分析和研究问题的思维方法 48
二、从设计的角度来谈餐厅设计的学习方法 48
（一）餐厅空间设计的构成要素 48
（二）设计中构成要素的设计方法 53
（三）餐厅空间里的构成形式 72
（四）餐厅的设计风格 75
三、单元教学导引 79

第四教学单元 餐厅空间设计的主题概念 80
一、餐厅空间设计的主题文化 81
二、餐厅空间设计主题的作用与价值 81
（一）有利于餐饮文化的繁荣 81
（二）有利于创造企业的品牌效益 81
（三）有利于激发餐厅空间不断创新 82
（四）有利于引导人们个性化的消费 82
（五）有利于促进人际交往与交流 82
（六）有利于改变企业员工的精神 82
三、如何确立餐厅空间的主题 82
（一）进行必要的市场调查 82
（二）了解经营的产品内容 82
（三）确立设计主题的创意构思 82
四、主题展现必须有丰富的情感内涵 83
（一）不同造型体现的情感内涵 83
（二）不同色彩体现的情感内涵 83
（三）不同材质表达的情感内涵 84
五、餐厅空间设计的不同主题 85
（一）以文化内涵为主题 85
（二）以文化符号为主题 85
（三）以中国的语言符号为主题 86
（四）以思古怀旧为主题 86
（五）以历史事件为主题 86
（六）以著名人物为主题 86
六、单元教学导引 87

后记 88
参考文献 88

教学导引

一、教程基本内容设定

高职教材内容的设定必须做到具有针对性、实用性,才能有效地培养高等实用型人才。为达此目标,必须有的放矢地去选择教学内容,这样教程的制定才能体现出科学性、合理性。只有以可行性和社会可接受性为基础来构建教材体系,才能真正做到按需施教,凸显特定培养目标的教育特色。

高职教材内容的设定既要让学生掌握一定的基本理论,更要注重培养学生的实际操作能力。

由于餐厅空间设计涉及的内容相当复杂和广泛,包括政治、经济、文化、宗教、人文等方面,是集技术、艺术、科学为一体的综合性学科,所以本教程在内容的设定上主要针对培养高技能人才的教学目标设计教学内容,选择最基本的教学内容和精练的结构模式,推行有目标的教学方式。本书从餐厅空间设计的基本概念与要求、餐厅空间设计的基本程序、餐厅空间设计的方法、餐厅空间设计的主题概念四个方面来进行讲述,侧重对专业实践能力和技术能力的培养。

二、教程预期达到的教学目标

《餐厅空间设计教程》坚持以就业为导向,培养应用型技术人才,走实用之路。教学目标设定在通过学习餐厅空间设计的基本概念与要求,让学生了解室内空间设计的基本理念;学习餐厅设计的基本原则和流程,掌握基本的设计方法;学习餐厅空间设计深化的方法与步骤,加强图说表现的基本技能;学习餐厅空间设计的主题,了解文化主题在空间中的作用和文化价值。

本科教育与高职教育培养人才的规格与标准上的要求一般不同,教育对象的差异性较大。本科教育一般必须注重以专业理论、专业表现和专业实践为主体的综合能力的强化,并投入大量的知识,拟订深度的培养目标,使其符合一个设计师的要求。高职教育的室内设计专业更注重对专业实践能力和技术能力的培养,使学生树立一定的市场观念,提升其专业素养,这是本课程教学的独特性。两种教育在培养目标上各有侧重,所以高职室内设计教育应该具备科学性、合理性、可行性、针对性,以培养高等实用型人才为出发点的课程拟订才能达到预期的教学目标。

三、教程的基本体例架构

特定的培养对象、明确的培养方向、准确的教学目标、实用的教学内容和注重学生的心理需求,要求教程必须有科学的体例架构。教程的基本体例架构必须根据高职教育的教学大纲来定位和展开。

《餐厅空间设计教程》的基本体例架构的特点是根据教学大纲按教学单元的形式来设置,不同的教学单元其内容有不同的要求,是从感性到理性的一个科学合理的教学模式。以餐厅主题为主线来贯穿整个课程,围绕这条主线划分出不同的单元,分段分量地学习,更好地掌握不同阶段的基本理论和不同技能;采用理论与实践相结合的方法,用理论指导实践,在实践中去学习理论,由浅入深、循序渐进,使学生易于接受和掌握。在整个学习过程中,不要求学生全面深入地掌握餐厅空间设计技巧,但必须掌握基本设计技术,具备一定的语言表达能力、较好的判断能力、独立的思维能力和一定的应变能力。本教程采用了大量的图片,对优秀的设计作品做了深入的引导分析,使学生在大师的设计作品中获取知识,直接感受设计作品的价值。因此教会学生如何欣赏是本书的一个特点。

四、教程实施的基本方法

要培养高等应用型技术人才,就必须选用科学的教学方法。本教程可通过教师讲授、多媒体教学辅导、市场调查、课题讨论、单元练习等教学方法来培养学生掌握知识、运用知识的能力和职业技能。

获取知识的学习方法——分析判断的教学形式。采用教师主导与引导学生自学相结合的方法,充分调动学生学习的主动性,注重知识的形成过程和知识的实用价值。《餐厅空间设计教程》以教师讲授和多媒体教学辅导的方法来实施。教师讲授让学生掌握基本的知识和基本观点,引导学生有一个正确的学习方法;多媒体教学辅导的形式则让学生有更直观的判断能力和分析问题的能力；优秀的图例和视觉的强化利于学生获取知识与促进知识更新，为学生的不断发展和终身学习打下良好的基础。

学习掌握知识能力的方法——灵活多样的教学形式。掌握知识的能力是指人在社会实践活动中运用所学到的知识去分析问题、解决问题的能力。这种能力主要是通过大量的市场调查和课堂讨论来体现的。餐厅空间设计是与市场紧密联系的一门学科，它包括了市场的需求、人们的心理分析、设计材料的不断更新、设计手段的不断变化……学生从市场调查中掌握综合的知识能力，树立一定的市场观和价值观。通过课堂讨论的教学形式来调动学生的学习积极性。互相讨论能激活思维，帮助他们挖掘创造的潜能，抓住在创新过程中一些闪光的点子，鼓励学生标新立异。在教学过程中，可采用老师和学生互动的学习方式、同学之间的相互探讨、自己创意的表达，让他们自己做出判断。这样利于创新意识与创造能力的培养，使学生由被动地接受知识转变为主动地探索知识。

职业技能的培养——通过教学单元性的练习达到职业技能的培养。在单元性的练习中学生会遇到许多设计上的问题，如尺度、空间、体量、材料、结构……选择命题的餐厅空间设计让学生做具体的能力训练，使其充分运用所学的知识，从大量的草图到初设方案的建立，再到方案深化的掌握的过程中，达到职业技能的培养。

五、教学部门如何实现本教程

针对高职教育室内设计人才的培养，本教程对餐厅文化的发展、设计的原理、设计方法、设计主题的研究、课程的实施和培养目标都做了明确的说明，因此教学部门可以把本书作为教材直接用于室内设计专业的教学实践。

教师使用本教程可以有效地规范任课教师的教学行为，还可以以一种科学合理的方式进行教学，有利于教学质量的保证与提高。本教程还为教师的教学留有一个自己掌握的弹性空间，让教学具有一定的灵活性。

学生使用本教程时，由于本书对教学的目的、学习的方法、学习的手段都有完整的介绍，学生可以合理地、有效地学习，容易把握。本教程里学生有很大的自学空间，同时本教程也介绍了课外要掌握的其他相关的知识。在本教程的引导下学生可以了解更多、更丰富的相关知识，为学生在课余时间学习起到指导作用。

六、实施的总学时设定

餐厅空间设计作为室内设计专业的必修课程，在学时的设定上不少于60学时（每周12学时）。此课程必须安排在上完制图课和材料课后，因为只有在掌握了设计基础之后才能保证本教程的进行。本课程最好安排在二年级下学期或三年级上学期。

本教程任选一个课题，分四个单元来完成。课题的选定由教师决定，用12学时学习餐厅空间设计的基本理论，掌握餐厅空间设计的基本概念；用24学时学习设计的基本方法，通过课题的介入来展开设计的理念；用12学时学习设计思想的表达及表现，让设计更具体和合理；用12学时来研究餐厅空间设计文化主题的表达，因这一课题比较难，可以安排在四年制教育或者对本门课程时间安排较长的三年制教育来进行。

七、任课教师把握的弹性空间

餐厅空间设计是一项很大的系统工程，仅仅一个课题不可能解决所有问题，也不可能使知识都像"压缩饼干"一样，让学生一口吃下。

任课教师把握的弹性空间体现在以下几个方面：

1. 在餐厅空间设计理论的把握上，可以从任何一个方面切入来展开理论的阐述与发挥。如，餐厅历史的发展可以从不同的朝代来看餐饮文化的变化，也可以从餐饮用具的变化来看餐饮文化的发展等，教师有较大的弹性空间来教授理论知识。

2. 在教学的形式上可以用多媒体的辅导为主来分析案例，也可以以市场调查为主学习设计的理念，还可以通过大量的草图来表达学生的思想……所以在教学形式上给教师留了很大的弹性空间。

3. 在课题的选择上也给教师很大的弹性空间。不同的课题其内容是不尽相同的，如不同的文化背景形成的就餐风格、不同的生活环境形成的就餐方式、不同的地理位置形成的就餐空间、不同的就餐类型影响着就餐行为、不同的品位也对就餐环境有巨大的影响……所以教师在教授餐厅空间这个课程的时候有很大的弹性空间。教师可以侧重一个主题进行较为深入的探讨和学习，让学生举一反三，从一种主题的餐厅设计中找到餐厅空间设计的基本设计方法，达到灵活运用知识来解决问题的目的。

第 1 教学单元

餐厅空间设计的基本概念与要求

一、餐饮文化的发展历程

二、餐厅空间设计的基本概念与分类

三、餐厅空间设计的基本原则

四、单元教学导引

一、餐饮文化的发展历程

餐饮文化具有悠久的历史。它的发展进程是一个国家、一个民族的发展史中不可分割的一部分，任何一个地区和民族的餐饮文化都与其经济发展状况和文化背景息息相关。无论是在中国还是其他国家，餐饮业的形成和演变都与人类生活紧密相连。它往往涉及经济活动、宗教信仰、人类迁徙、自然条件、民族文化、地理环境、气候变化，甚至旅游等。这些因素都影响着餐饮文化观念的变化和发展，同时也使餐饮文化更加丰富多彩。

（一）中国餐饮文化的发展历程

中国有着丰富的餐饮文化，它的历史古老而悠久，而且经过几千年的积淀，形成了自己独具特色的餐饮文化。中国的烹调技术和多样化的美食文化丰富了世界餐饮文化宝库，任何一个从事餐厅空间研究的工作者，都应该了解中国餐饮文化的历史，了解在特定历史文化背景中形成的各具个性的地区餐饮文化。下面让我们回顾一下中国餐饮文化的历史，以便了解餐饮文化的独特价值。

无用具的餐饮时期——古代人类从直立行走以来，便依靠集体的力量与自然抗争，共同寻觅食物，用采集、狩猎、捕捞等最原始古老的方式来维持生存。那时的餐饮是碰到什么吃什么，吃的是动物的肉，喝的是鸟兽的血，饮的是自然的水。

石烹用具的餐饮时期——可追溯到旧石器时代。石烹用具的出现催生出了烹饪的方法。人们学会了利用热能进行烹饪，即通过石块能传导热能的道理，把食物烧熟，从而使之更可口，食物的质量由此得到了很大的提高。人们在与自然的斗争中，为了更好地生存，学会了钻木取火和使用工具。火的利用和工具的使用翻开了人类文明新的一页，因此可以说文明始于餐饮。在山西发现的遗址可以证明，早在170万年以前我们的祖先就学会了钻木取火，用火来取暖、煮食物。火的利用是人类征服大自然的一个标志，也成为了人类烹饪史的开端。

陶烹用具的餐饮时期——距今1.1万余年。已过着定居生活的人们在生活和生产的过程中总结了不少的经验，他们把土烧成陶器，把陶器当作烹饪的工具。于是，人类对水、火的利用就有了突破性的进步。陶釜是目前在中国发现的最早的锅。陶釜的用途很广，如装生活用品，储藏食品，运输物品，烹饪食品等。

铜烹用具的餐饮时期——夏、商、周、春秋战国时期。商周时铜器有了较大的发展，考古发现的大量铜器都与餐饮的用具有关，说明商周时餐饮已有一定的规模。铜烹用具的出现在餐饮史上具有划时代的意义。

据记载，商周就有了"铜鼎""铜鬲""铜釜""铜盘"等用具。玉、象牙也得到了开发，当时统治者用"象箸玉杯"（就是象牙筷子，玉和犀牛角雕琢成的酒杯），身穿"锦衣九重"在"广室高台"饮宴，餐饮文化已成为一种地位的象征。春秋战国时期政治活动频繁，各国交往密切，政治家们热衷于通过交往和说服来称雄天下。这些政客们奔走于各国之间，由于流动的人员需要吃饭和住宿，于是出现了许多为客人服务的驿站，这是餐饮业的雏形。由于这一时期诸侯割据、战争频繁，餐饮文化在这种社会大变革中演化，不同地区的餐饮文化相互交融，餐饮市场十分活跃。

铁烹用具的餐饮时期——铁烹用具的餐饮时期比较长，先后经历了秦、汉、三国、两晋、南北朝、隋、唐、五代、宋、辽、金、元、明、清直到现在。工具的进步和发展，改善了人们的生活质量，也改变了人们的生活方式。

秦汉时期，商业贸易非常频繁、活跃，尤其是丝绸之路的开通，更是促进了中西方文化的交流。各民族之间的交往使人们的思想更加活跃和开放，经济繁荣、人们生活稳定，旅游业成为当时的时尚，客栈、酒店在秦汉时期出现了多样化的局面。

唐朝是中国封建社会的鼎盛时期，也是餐饮文化繁荣的重要时期。政局稳定、经济繁荣，使得餐饮文化成就斐然。人们竭尽聪明才智，使餐饮文化生活艺术化，并享受着餐饮带来的文化品位，较为常见的就是歌舞带宴的餐饮文化形式，新的就餐形式和文化——"筵席"就这样在唐朝诞生了。就餐的设施也得到了革新，比如椅子使人们告别了以前席地而坐的就餐方式。皇宫的"筵席"更加气派、豪华，皇帝面对左右两厢的大臣们饮宴，还有乐师、歌舞相伴，艺术和文化的交融演绎着餐饮文化更深的内涵。几百人同时就餐的场面，显示了当时餐饮业在经营和管理上都极具规模。

宋朝民间旅游热的兴起和人员大量的流动使街头巷尾出现了零担小吃，人们随时都能买到自己所需要的食品。餐饮的方式也更加的大众化，餐饮文化走进了平民百姓的生活。在当时还出现了一系列有特色的专卖餐饮店，如北食店、南食店、羊肉店等。人们对吃的热衷使就餐环境由陆地延伸到了游船。那时的菜品已多达

200多个，由于餐饮和游山玩水紧密地结合在一起，所以需要一定的时间和空间，就餐的时间也由此延长。流动的就餐形式、美丽的风光和美味的食品使环境与餐饮融为了一体，成为当时一道美丽的风景线。

清朝出现了成套的全席餐具，以燕窝、鱼翅、烧猪、烤鸭四大名菜领衔，创造了被称为"无上上品"的满汉全席，菜品多达180多道，不仅讲究菜的色、香、味，还讲究就餐的环境，每道菜都是一件精美的工艺品。鸦片战争以后，中国沦为了半殖民地半封建社会。随着外国列强的入侵，西方餐饮文化也流入中国。中西餐饮文化的融合使餐饮文化得到了新的发展，当时西餐厅、西餐馆随处可见。

电、气为燃料的烹饪时期——在20世纪，人们发明了新的烹饪用具，"电炉"的出现改善了人们的生活环境。"微波炉""电磁炉"的发明缩短了烹饪的时间，"煤气灶""液化气灶"的出现给人们带来了极大的方便。新的能源改变了人们的生活方式。新中国成立以来，尤其是改革开放以来，由于生产力的快速发展，经济的迅猛增长和人们物质文化生活水平的迅速提高，人们的餐饮观念和饮食行为发生了巨大的变化。IT产业逐步完善，加速了信息的交流和电脑网络的发展，在一定程度上改变了传统的餐饮管理模式。如餐饮业的管理和互通信息，使人们就餐更加方便、快捷。女性走向社会、人们在外就餐频率的增加和旅游产业的发展都促使餐饮业出现了多元化的情况。

（二）国外餐饮文化的发展

国外的餐饮文化发展也离不开其经济发展和文化背景。餐饮文化就像是一面镜子，反射出不同历史时期人类文化、自然环境、社会政治和经济关系，反过来这些因素又促进了餐饮文化的发展。

古代餐饮文化的发展：古埃及的餐饮文化与社会生产、生活和宗教信仰有密切的关系。尼罗河养育了埃及人民，也创造了灿烂的埃及文化，其中也包括餐饮文化，出土的餐饮用具证实了餐饮文化在这一时期有过的辉煌。

繁荣昌盛的古罗马是一个充满传奇的地方，一个历经沧桑的名字。这个有着辉煌历史的欧洲文明古城，在雕刻、戏剧、绘画方面都创造了自己独特的风格。在餐饮文化方面，厨师不再是奴隶，他们地位的提高，对餐饮文化的发展有着不可忽视的推动作用。尤其是面点的制作和创新，一直影响到今天，如意大利的比萨饼和面条。

中世纪餐饮文化的发展：由于大英帝国被诺曼底人占领，英国的餐饮文化受到法国餐饮文化的影响。英国单一的传统烹调方法被打破，1183年英国伦敦出现了第一家餐馆，主要出售海鲜和牛肉类食品。

法国的农产品非常丰富，厨师们想尽一切办法开发和推广新的菜品。人们普遍接受这些新菜品，所以当时人们对厨师非常的尊敬，厨师的地位在法国非同一般。

近代和现代餐饮文化的发展：英国的咖啡厅在1650年问世，这是餐饮文化首次把餐和饮分裂开来独立经营。咖啡厅在英国很快受到了人们的喜爱。

19～20世纪，被称为"20世纪烹饪之父"的法国著名厨师奥古斯特·埃斯考菲尔（Auguste Escoffier）在制作欧洲传统菜肴方面，首次简化了传统菜的菜品及菜单，对不合理的厨房进行了重新组织，确立了豪华烹饪法的标准。

1920年，美国首先开始了汽车窗口饮食服务，由此产生了流动餐饮文化。现在流动餐饮文化成了航空、水运、火车、汽车上的时尚，遍布全世界。餐饮文化还逐步渗透到各行各业、各类人群，凡是有人的地方都有餐饮文化。它像空气、洪水一样势不可挡，到处都在办烹饪学校、厨师学习班，举办烹饪竞赛，广播名菜的制作等，商场、店铺无不销售各种调味品、名菜底料。可以预测，餐饮文化的发展必将有一个越来越光明的前景。（图1-1）

◀ 图1-1 主题餐厅：Banq餐厅／美国波士顿
许多长形木条覆盖了原有的天花板，让人感觉置身于天棚之下，整体的设计线条优美，犹如波澜起伏的景观。更为巧妙的是，餐厅部分的基础设施、照明系统、音响系统等都藏匿其中。

二、餐厅空间设计的基本概念与分类

（一）餐厅空间设计的基本概念

餐厅的定义——在英文里，餐厅一词是"Restaurant"。早在1765年的法国，一家餐馆的经营者布郎杰先生，创新了一道菜叫"Le Restaurant Divin",意思是可以恢复元气的汤。这种汤得到了广大消费者的青睐，赢得了市场，后来人们就把"Restaurant"称为餐厅，所以餐厅最初的定义就是"可以供人们恢复精神的餐食场所"。（图1-2）

餐饮企业的定义——"餐饮企业是凭借特定的场所和设施，为顾客提供食品、饮料和服务，并以赢利为目的的企业。"（摘自张世琪《餐馆卖场设计》）（图1-3）

餐厅空间的定义——简单地说就是餐馆卖场环境。一个良好而舒适的销售环境，能促进消费，给商家带来更大的利润。（图1-4）

餐厅空间设计的定义——通过设计师对空间进行严密的计划、合理的安排，给商家和消费者提供一个产品交换的良好平台，同时也给人们带来方便和精神享受。理想的餐厅空间设计是通过拓展理念并以一定的物质手段与场所建立起"和谐"的关系（即与自然的和谐、环境的和谐、场地的和谐、人的和谐），并通过视觉传达的方法表现这种契合关系。（图1-5）

▲图1-2 海外特色餐厅：Maialino

第一教学单元 餐厅空间设计的基本概念与要求 | 07

▲图1-3 主题餐厅：Gnaffiti咖啡馆／保加利亚瓦尔纳

▲图1-4 海外特色餐厅：AB咖啡店／比利时　　▲图1-5 海外餐厅：Whnm餐厅／美国纽约

（二）餐厅空间设计的基本分类

餐厅空间的种类繁多，因为餐饮企业要面对不同的消费人群、不同的市场客源、不同的消费阶层、不同的口味评论……所以很难细分。中国台湾交通部观光局依据联合国世界观光组织制定的分类方式，将餐饮业详细分为餐饮业、快餐业、小吃店业、饮料店业、其他饮料业等。

餐饮业——主要指经营中西式餐食的餐厅、饭馆、食堂等行业。比如各种中式餐饮业、西式餐饮业、日式餐饮业、素食餐饮业、牛排馆、烤肉店、海鲜餐厅等。

中式餐饮业。中国的餐饮文化是中国传统文化的一个重要组成部分，它的历史可谓源远流长。中国餐饮文化博大精深，关乎宏也关乎微，在世界餐饮文化中可谓独树一帜。谈起中国菜、中国酒，二者总是相互伴随。（图1-6、图1-7）

西式餐饮业。西餐文化是我国对欧美各地餐饮文化的总称，通常是指以法国、意大利、美国、英国、俄罗斯为代表的餐饮文化。它们有共同的饮食文化，也各具自己的文化风格。（图1-8、图1-9）。

▲图1-7 主题餐厅：德福会新派火锅 ／中国黑龙江

▲图1-6 主题餐厅：德福会新派火锅 ／中国黑龙江

▲图1-8 海外特色餐厅：杰米的意大利餐厅 ／英国伦敦

第一教学单元 餐厅空间设计的基本概念与要求

▲图1-9 海外特色餐厅：杰米的意大利餐厅／英国伦敦

日本餐饮文化。大和民族文化在餐饮文化中得到了尽情的演绎，日本餐饮文化中最具代表性的是餐厅格局和日本寿司。从餐厅的外部和内部的设计、服务人员的服装和礼仪上，都能让顾客感受到日本风情。（图1-10、图1-11）

素食餐饮文化。这是以粮食、豆类、蔬菜、水果为主体的膳食文化。秦、汉以后，我国的素食餐饮文化逐步与宗教相结合。比如形成了佛教素食餐饮文化、道教素食餐饮文化两大流派。素食餐饮文化实际上具有浓厚的宗教文化色彩，虔诚的宗教信徒们使素食餐饮文化传遍了世界每个角落。

快餐业——快餐文化起源于20世纪工业发达的美国。它把餐饮文化与工业化的理念有机地结合在一起。快餐文化的诞生，是为适应人们快节奏的生活，提高人们生活和工作的效率。快餐文化发展很快，机械化的生产、标准化的服务、统一的快餐形象、大批量的生产方式、经济实惠、服务快速、一样的品质是快餐文化明显的特色，也为快餐连锁迅速发展提供了可能。快餐店统一的餐饮文化品牌和形象，也成为快餐文化瞩目的标志，其风格都是简洁、明亮，容易被人们识别。麦当劳、肯德基、必胜客等品牌是经营最成功的快餐文化代表。（图1-12、图1-13）

▲图1-10 日本大师智造：茶屋光市店

▲图1-11 日本大师智造：茶屋光市店

▲图1-12 海外特色餐厅：龙舌兰酒店

▲图1-13 海外特色餐厅：龙舌兰酒店

▲图1-14 主题餐厅：公牛馆／中国北京中关村　　▲图1-15 主题餐厅：公牛馆／中国北京中关村

小吃店业——小吃文化的精品意识、品牌意识、时代意识、竞争意识和开拓意识，是小吃店品牌化的精华所在，是小吃店能够迅速发展，影响日益扩大的精神动力，也是很多人对小吃文化疯狂追求的原因。从小吃中，我们可以看到各种地方文化，交融的民俗特征。形形色色的小吃文化、新鲜名称都汇入了具有包容性的人们的思想中。小吃店餐饮文化属于大众化的餐饮文化，它遍布大街小巷。我们最常见的从事便餐、面食、点心等销售的店面都属于小吃店的范畴。小吃店还以单项特色的餐饮文化形式出现，如点心店、饺子店、包子店、豆浆店……（图1-14、图1-15）

饮料店业——今天的餐饮业是融合餐食与饮料而形成的产业。饮料是餐厅营业中一个重要的赢利来源，所以餐厅除了提供餐食外，也提供各种饮品来满足顾客的要求。由于人们饮食消费习惯的改变，饮料早已不只是餐食过程中的配角，它甚至形成了一种独立的饮品文化而被独立经营。所以许许多多不同饮料的专卖和不同的饮料文化相继形成，继而为人们所喜爱。饮料店业是指专营饮料的场所，主要有咖啡店、茶楼、水果店、巧克力店、冷饮店等。（图1-16、图1-17）

其他饮料业——包括娱乐性质的餐饮业、酒吧文化、啤酒屋等。（图1-18、图1-19）

▲图1-16 咖啡馆和餐厅：Meltino酒廊&休息室　　▲图1-17 主题餐厅：Nisha阿卡普尔科休闲吧／墨西哥阿卡普尔科

▲图1-18 咖啡馆和餐厅：Meltino酒廊&休息室

▲图1-19 咖啡馆和餐厅：Meltino酒廊&休息室

三、餐厅空间设计的基本原则

（一）满足使用功能的要求

餐厅空间必须具有实用性才能满足其功能的要求。不论餐厅空间是什么形态、什么类型、经营什么餐饮，不管它的文化背景如何、体现什么文化品位，所划分的空间的大小、空间的形式、空间的组合方式如何，都必须从功能出发，注重餐厅空间设计的合理性。

首先，我们在设计前要了解该餐厅的格局、经营理念、经营内容、经营的方式、场所的大小、销售的阶层、销售方式、服务方式等功能情况。

餐厅是生产产品和销售产品的一个复杂的综合体，有满足产品销售的餐厅大厅，有满足产品生产的厨房，有招揽客人的门面。还有其他配套的服务设施，如卫生间、储藏间、机房、更衣间等。所以餐厅设计的格局大体上分为外观设计、室内设计、厨房设计三大部分。

餐厅外观设计——一个餐厅的店面是最好的广告，它体现餐厅的主题思想，主要作用是招引顾客，让顾客看后留有记忆，从而使餐厅形成品牌。所以外观是浓缩的文化，对它的设计也显得非常重要。（图1-20至图1-22）

餐厅室内设计——餐厅内部的格

第一教学单元 餐厅空间设计的基本概念与要求

◀ 图1-20 主题餐厅：喜力酒廊／美国新泽西州

◀ 图1-21 主题餐厅：Atelier Mecanic旧物咖啡厅／罗马尼亚布加勒斯特

◀ 图1-22 海外特色餐厅：La Espiga餐吧

▲图1-23 主题餐厅：小南国餐厅／中国上海

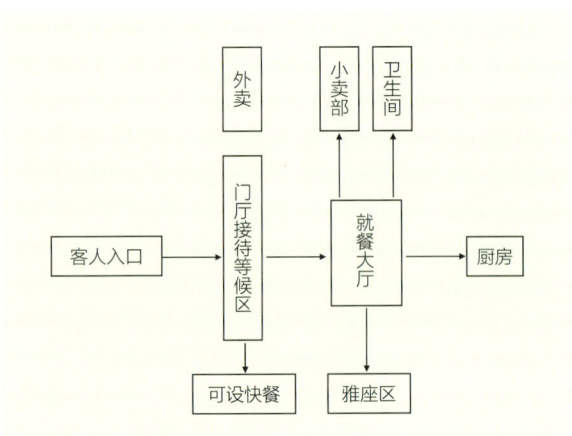
▲图1-24 餐厅内部组成

▲图1-25 主题餐厅：Zense餐厅／泰国曼谷

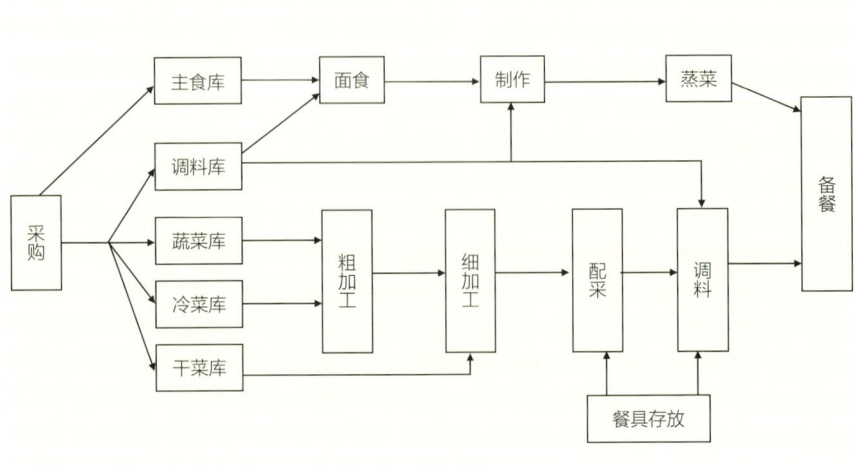
▲图1-26 厨房流程表（来源于邓雪娴《餐饮建筑设计》）

局除了要合理地安排客人用餐的地方外，还要完善动线的安排，也就是我们说的人流的格局。人流格局包括客人的人流格局、服务人员的人流格局、产品流线的格局（在第二教学单元餐厅空间设计的基本程序里有详细的叙述）。（图1-23至图1-25）

厨房设计——厨房虽然不被消费者直接使用，但在餐厅经营中非常重要。厨房不仅控制着产品的品质，同时也控制着销售的成本（关于厨房该书里不做详细的介绍，请参考相关书籍）。（图1-26、图1-27）

第一教学单元 餐厅空间设计的基本概念与要求 | 15

▲图1-27 轻食餐厅：集市面吧／Modernissimo剧院

▲图1-28 东方盛宴：和合大红袍火锅雁翔路形象店／中国陕西

经营理念是我们确立主题思想的先导，一个成功的设计都有准确的设计思想和明确的经营理念。经营理念是我们确立设计的依据。曾经有一个老总给我谈到他的餐厅时这样说道："西藏产的一种长不大的猪，是非常好的原材料，我想把这种菜品推向市场，如何打造好这个理念，花了很多的心思。"我问他这种猪肉与其他的猪肉有什么不同。他就告诉我许多的有关信息，后来我明白了这种猪的特点：它生长在海拔3000米的地方，没有受到污染，是自然生长的产物。所以其主题应该表达一个生态概念。餐厅应该体现一个没有被污染的生态概念，后来这个餐厅顺利开业了，取名为"海拔三千"，得到了大家的好评。

对经营内容的了解有利于我们的设计定位，经营内容不同，设计定位就完全不一样，连配套的设施也有很大的区别。如火锅餐厅的空间设计、中餐厅的空间设计、西餐厅的空间设计……

1.火锅餐厅空间设计

火锅历史悠久，大约有一万多年的历史。最早的火锅是鼎（陶制），当时的人们把这一大锅的食物叫作"羹"。西周时奴隶主享用的是青铜火锅；三国时期有"五熟釜"；南北朝时期的"铜鼎"成为现代火锅的原型；汉代火锅则是龙把铁鼎；唐时则多用唐三彩火锅；宋有瓜瓣兽耳铸铜火锅；明有香炉型银底锡火锅；清有粉彩牧羊图瓷火锅和莲钮银底锡火锅；现今则有"鸳鸯锅"，火锅的种类可说是丰富多彩。经营火锅有两种形式：一是分食火锅，二是隔味火锅。这两种形式的火锅均是按照食者的不同需求而设计安排的，可以满足不同的需要。火锅是人们享受食品由生到熟的自己加工的一种就餐过程，所以火锅餐厅的设计除了要考虑人流的合理性外，还要对火锅的特点、特性有一定的了解。比如地面防滑的处理、油烟的排放设施、除油通道的设置……这些都必须满足其使用功能的要求，了解这些有助于我们设计工作的开展。（图1-28）

2.自助餐厅的设计

自助餐是一种由宾客自行挑选、自由拿取和自烹自食的一种就餐形式。这种就餐形式活泼，有大量菜食供宾客挑选，打破了传统的就餐形式，迎合了宾客心理，为越来越多的人所接受。此外，它还可以在很短时间内供应很多人吃饭，并且不需要大量的服务人员。可以在室外也可以在室内，整齐有序的餐台使各具特色的食品和各色各样的水果尽收眼底，增强了客人的食欲和对餐饮文化的享受。为了增强空间的感染力，餐厅往往把桌子拼成几座"小岛"，形成分别放不同种类的食物区——主菜区、甜食区、加工区等。但需要有较大的通道，让宾客有来回走动的余地。(图1-29、图1-30)

3. 中餐厅的设计

中餐烹饪是一种高度手工化的艺术工作，中餐烹饪是食品，也是艺术品。在潮来潮去的餐饮市场中，中餐能立于不败之地，原因就在于中餐不仅使就餐者在细嚼慢咽中品尝了食文化，还在快节奏中跟上了流行步伐。不管岁月怎么变迁，中餐总是讲究分享，餐桌上自始至终热闹非凡，一派其乐融融的气氛。此外，中餐以点菜为主要经营形式。（图1-31、图1-32）

▲图1-29、图1-30 顶级新酒店：香格里拉台南远东国际大饭店

第一教学单元 餐厅空间设计的基本概念与要求　17

▲图1-31 东方盛宴：好客山东·大丰餐饮／河南郑州
▼图1-32 私房菜馆：大排档餐厅／江苏南京

4. 西餐厅的设计

西餐是饮食形式的一个类型，是以吃喝为主题的一种进餐形式。吃喝不仅是人们维持生命的方式，而且是一种享受，一种交流方式。西餐不仅追求健康合理的饮食搭配，而且享受的是高品质的就餐环境、严谨的服务质量、富于审美情趣的情调餐厅。如果说中餐是由主人点菜，然后大家分享，那么西餐则是自己给自己点菜，这在一定程度上也体现了对个人选择的尊重。吃的氛围虽然没有那么热闹，但体现了西方文化中人的独立性。西餐与中餐的餐桌有很大的不同，大多是两人桌、四人桌、六人桌，因而很少有喧嚣热闹的场面，所以西餐厅的环境非常幽雅而富有情调。西餐厅与中餐厅的厨房也有很大区别。西餐厅的厨房就像一个加工厂，标准的设备、准确的计量和温度、加工时间的控制，一切都是按流程设计。所以它做出来的同一菜品有一样的颜色、一样的味道，似乎西方人的味觉也都是一样的。这为西餐的连锁经营提供了可能和方便。（图1-33、图1-34）

▲图1-33 主题餐厅：光之希腊PHOS餐厅／希腊米克诺斯岛

▲图1-34 主题餐厅：MOMO台灯休闲餐吧／荷兰阿姆斯特丹

▲图1-35 日本大师智造：鸟状餐厅

熟悉经营方式能使我们的设计更加合理。经营方式实际上要能体现该餐厅经营的特点。比如，如果是有歌舞伴宴的经营方式，我们就要了解表演的形式，要尽可能地让每位客人都有较好的视觉效果，使顾客在就餐的同时还能欣赏到优美的歌舞；如果是与客人互动的经营方式，那么在设计的布局上就必须有相对宽敞的通道同客人一起互动，每桌之间也要留有跳或者唱的余地。所以，经营方式直接影响我们的设计方案。（图1-35）

经营的规模决定着场所的大小，场所大小决定设计的导向。如果场所不大，我们在设计上就应尽量使其精致温馨而舒适，使客人有亲切感，并最大限度地满足销售场所的需求；如果场所相对大些，在设计上就应该体现大气，在宏观设计理念上，不管是体现人气，还是体现场所的气魄，都应体现出企业的经营精神。（图1-36）

▲图1-36 日本大师智造：RIGOLETTO烧肉店

▲图1-37 欧洲精品酒店：文华东方酒店／法国巴黎

对销售阶层的了解有利于我们把握设计的方向。不同的交往阶层会形成不同的文化爱好，相同的经历让人们走到一起，容易沟通感情，并产生某种共同的需求。所以不同文化的交往也形成了不同主题的餐厅设计定位。（图1-37）

销售方式是指产品的买卖方式。买卖方式直接影响我们的设计方式，比如自助餐厅的设计就必须要有明确的人流路线，主通道和副通道要合理地安排，自助区要方便客人取菜，同时要有很好的视觉效果。这样的方式往往是从加工、生产到销售都在同一个空间里来完成，所以空间一定要有合理的规划才能最大限度地发挥其使用功能。如果是快餐店，在销售过程这个环节设计上要注意快而简洁，避免不必要的人流重复。（图1-38）

▲图1-38

容纳人数的多少跟餐厅的规模及经营理念有关系。每个商家都是以赢利为经营目的，销售对象的多少直接影响到产品的销量。举一个例子：我曾经为一个火锅餐厅做设计方案，在和业主讨论设计方案时，业主做的第一件事就是看餐厅里能容纳多少张桌子，然后才看设计的方案是否合理。不管业主这样的思维是否正确，但这是我亲身经历的，同时也反映了一个餐厅容纳人数的多少对经营的重要性。后来业主解释说："我经营餐厅，每天必须保证一定的上座率，然后才有利润可言，否则我就要赔钱。"这是一种经营理念。我还有过一次就餐的经历，恰恰相反，那家餐厅体现的是另一种经营理念，它不是以人多取胜。那次我和朋友一起去广州一家五星级酒店的意大利餐厅吃饭，里面服务的人比吃饭的人还要多，我想餐厅不亏才怪呢！当我坐下来拿到菜单时才知道菜有多贵……环顾四周，环境幽雅，小桥、流水、烛光、倒影、典雅的挂画，典型的意大利风格的餐厅，还有小提琴伴奏，于是又觉得再贵也值。所以容纳人数的多少不是绝对的，更不能作为衡量一个企业成功与否的唯一标准，主要看经营者的理念。

随着经济的发展，社会文化水平的普遍提高，人们对服务方式有了与以往不同的要求。周到的服务也成为衡量一个企业是否成熟的重要尺码，同时也是吸引顾客的一个砝码。服务方式有点餐制、分餐制、自助餐制等多种形式。

（二）满足精神功能的要求

人们对餐厅空间精神方面的要求，是随着社会的发展而发展的。顾客的心理活动千变万化、难以把握，个性化、多样化的消费潮流，使餐厅空间里融入了浓厚的文化品位和个性。

餐饮业发展是否成功，其竞争的焦点是把握顾客的心理活动。提高餐厅空间的精神功能是餐饮业发展的灵魂，因此要用文化品位去打动消费者的心。

顾客个性化的消费是餐厅空间设计定位的依据。针对某个特定的消费人群的精神需求，根据他们的喜好来打造文化氛围，以迎合他们的心理，同时促进消费。

多样化的消费人群，不同爱好和个性的消费，都需要不同的空间主题来满足他们的精神要求。

（三）满足技术功能的要求

技术要求包括了两个方面：

一是我们的设计是运用不同的材料来表现的，材料作为表达设计理念的手段，不可忽略地被推到了空间展示的前沿。正是对不同材料的组合和技术加工，人们才创造出不同风格、不同情感表达的餐厅文化。我们要了解材料的性能、纹理、成型、加工、搭配……这些材料必须满足其施工技术的要求。

二是我们的设计还要满足物质环境的技术要求。物质环境在餐厅空间设计里非常重要，包括：

声音环境的技术要求——除了及时地播报信息外，还可以根据不同的环境模拟大自然的声音，给人带来身临其境的感觉。另外，不同的背景音乐能给客人带来不同的感受。

采光系统的技术要求——采光系统在餐厅设计里非常重要。采光在设计上分为自然采光和人工采光（下面章节有详细的论述），如何做到很好地采光，必须根据不同的要求来设计（请参看相关的书籍）。

采暖系统的技术要求——采暖系统主要是指暖通系统，冷暖的送风系统能让客人产生餐厅四季如春的感觉，让餐厅里永远没有冬天的寒冷和夏天的炎热。这就是通过物理环境的技术处理来改变自然环境。采暖系统的技术有严格的规范和要求，有专门的书籍介绍，请参看相关的书籍。

消防系统的技术要求——消防系统（包括报警系统）的技术要求主要是给客人带来安全感，并使其在发生意外的情况下能够得到最大限度的安全保障。消防系统的技术要求非常严格，国家有明文的消防规范，请参看相关的书籍。

以上这些都是为在餐厅空间设计中营造某种气氛及舒适的物理环境而设置的，所以餐厅空间在设计上必须符合以上要求。

（四）具有独特个性的要求

个性独特的餐厅是餐饮业的生命。餐厅空间设计得有特色是餐饮企业取胜的重要因素。艺术的魅力不是千篇一律的，餐厅文化也需要打造与众不同的文化。人们总是希望在不同的场所感受不同的文化氛围，所以餐厅空间的个性尤其重要。缺乏风格和个性、没有文化内涵的餐厅空间，不可能形成餐饮销售的卖点并得到人们的认可。因为讲究生活质量的人不会常去一个没有个性品位的餐厅里消费，谁会花钱去体验一个平庸、乏味的环境呢？

有许许多多的例子，也有不少的教训来说明这一点。在我国西南地区流行巴蜀风格的地域文化，巴蜀文化有着优秀的文化传统和历史，人文气息非常浓厚，有很深的文化内涵和人们喜闻乐见的民间、民俗文化，同时也反映了巴蜀儿女根深蒂固的大地情怀。可以说这个风走遍了你目所能及的每个角落，但是，近年来到处是青砖、白墙、青瓦、汉代画像砖、望楼等设计语言，从餐厅到酒店，从茶楼到歌城，从花园到洗脚房……没有个性、没有反映其文化内涵的设计比比皆是。商家们后来又觉得是材料档次不够，于是提升了材料和做工，增加线条，把青砖换成石材，青瓦改成琉璃瓦……到后来却什么都不像。这简直是对我们民族文化一种不负责任的滥用，也是对人力、物力和财力的浪费。

餐厅空间设计应在"独特"二字上下工夫，塑造出别的地方、别的企业没有的特色，突出本餐厅空间环境的特色，突出自己的个性特征和设计理念，把握好顾客的心理需求。（图1-39）

▲图1-39 海外特色餐厅：Dishroom餐厅／印度

（五）满足顾客目标导向的要求

餐厅空间设计定位一定要以目标市场为依据，而被称为"上帝"的顾客则是餐饮业生存和发展的依托。我们所展现给大家的餐饮文化是否受到人们的喜爱，就要看我们所设计的东西是否以顾客为导向，是否给人们提供了一个喜闻乐见的餐饮文化环境。

过去有很多不以顾客为导向、盲目运作而导致企业失败的惨痛教训。比如有的业主很主观地只强调自己的设计思想，不管市场的需要，也不管客人的喜好，当餐厅投入市场后人们实在接受不了，导致餐厅被迫关门；有的一味追求高档，投入了大量的人力物力，但当金碧辉煌的餐厅展现给人们时，面对昂贵的消费，很多客人只能望而却步，这种餐厅也如同"海市蜃楼"一般会很快消失。客人对餐厅空间的要求实际上很简单，就是想在一个舒适、幽雅、有文化品位的环境里享受美味的菜品和良好的服务。我们必须把握顾客的经济承受能力和心理需求，为顾客提供一个在经济上和心理上都能满意的餐厅。

（六）满足适应性的要求

餐厅空间设计离不开社会环境。社会环境和条件是一个企业赖以生存和发展的基础。不同民俗、不同地理环境都将影响餐厅空间设计的风格，所以餐厅设计必须遵守社会环境的适应性原则。

餐厅空间的适应性原则体现在对社会环境的依赖性上。社会环境受到经济、周边环境、民俗风尚、民族习惯、宗教信仰、地理气候、生活习惯的影响……

（七）满足经济的要求

餐厅空间设计的实施需要有经济的保障。经济的原则性来自两个方面：一是必须考虑到投资是否必要，主要是指投资的合理性；二是看投资是否有回报的可能，避免投资的盲目性。

餐厅投入市场的最终目的是最大限度地销售自己的产品，扩大销售额，增加利润。每位业主都希望投入最少的资金而获得最大的利润，即使是有钱的商家也不愿意盲目地、无计划地投资。高档次的餐厅空间不是由昂贵的投入来决定的，如果不具有文化品位，材料运用得不恰当，也没有合理地表达出设计思想，那么，再昂贵的投入也只会让餐厅空间变成一个材料的堆砌场所。

（八）满足销售餐饮产品功能

1. 提供产品销售场所的功能

一个餐饮产品要顺利地完成买卖，需要两个方面的条件：一是卖方有好的餐饮产品提供给买方，二是买方能满意地接受卖方所出售的餐饮产品。餐厅空间作为产品销售的载体，在产品的整个销售过程中起着至关重要的作用，作为中介，它还是连接购买者和销售者之间的桥梁。

2. 销售餐饮产品的交易功能

餐厅空间的功能要求与其他的商品销售有很大的不同。其他商品销售大多是直接销售成品，顾客要完成交易以后才开始使用商品；而餐厅空间则是根据顾客要求来制作餐饮产品，并提供相应的服务让顾客消费产品。从顾客步入餐厅空间开始，他所有的行为都对餐饮产品的消费产生巨大的影响，一直持续到他走出这个场所，产品的销售空间才算完成了它的使命。所以餐厅空间在餐饮产品交易中显得特别的重要。

3. 有很完善的使用功能

餐厅空间必须具有实用性和合理性。餐厅空间的划分、空间的大小、空间的形式、人们的就餐方式、各空间之间的协调关系，都必须满足其使用要求。

4. 满足顾客特定的心理需求

一切的餐饮产品都要在餐厅空间的环境里接受检验，看其是否能够被人们接受。人们带着不同的心情走进餐厅空间，在这里得到同一文化的熏陶，所以人们对餐厅空间的功能有很高的要求。包括：

安全功能。这是指在餐厅空间里，必须为客人提供财物和人身的安全保证，比如消毒设施、消防楼梯、紧急出口标志、烟感器、应急设施、台阶照明、食品的卫生安全等。

支配控制功能。人总是有一种支配和控制的欲望，提供好的服务就是为了满足人们的这个功能要求。

信赖功能。好的餐饮产品要有很好的信誉，使顾客对产品产生信赖。信任感的建立能够促成人们对餐饮文化产品的依赖，从而成为餐饮产品最忠实的朋友，因而信誉也是一个企业的生命。

合理价格功能。顾客总是希望花最少的钱，买到最好的产品，也就是人们常说的价廉物美。有些饭店常常推出部分打折产品，或是分时间段地进行打折活动，就是利用求廉的心理来刺激顾客的消费欲望。

显示身份地位功能。餐厅空间的档次能体现一个人的消费能力，而消费能力的高低也成为一个人身份地位高低的象征。如大堂和包间、大包间和小包间、装饰陈设等级等。

自我满足功能。消费者都希望买到自己喜爱的名牌产品，对名牌产品的拥有能使人产生一种自我满足感。因此，有知名度的餐厅应该抓住自己的品牌效应，使消费者在消费餐饮的同时，也为某些企业的品牌做宣传，以此来使顾客自我满足，达到一举两得的目的。

其他附带功能。消费者除了对以上的使用功能有要求外，还要求有其他的附带功能，如电话间、接待室、衣帽寄存处、儿童带管区、吸烟室等。有的大型餐饮企业还设有供消费者使用的读书社、老电影回顾厅、城市文化发展展示厅、茶楼……

（九）满足制作餐饮产品功能

餐饮产品要靠后台提供。餐饮产品的好坏取决于产品的制作，它除了与厨师的技术、工作人员的素质有关以外，还与餐饮生产空间有关。餐饮生产空间具有生产餐饮产品的功能，包括产品加工区、员工休息区、办公管理区等。

餐饮产品生产空间不仅仅依靠后台作业顺利运转，还包括工作人员的作业是否方便、服务线路是否合理，要给工作人员创造一个良好的工作环境。因为作为后台的厨房，是餐饮产品的生产和加工地点，必须满足使用要求：合理地安排生产流程，避免人流重复的穿梭，主食加工、副食加工、初加工一定要有严格的分区。

四、单元教学导引

目标
通过本单元的学习,学生从理论学习的角度,对餐厅空间有了一个基本的认识。教师通过对餐饮文化的分析,使学生了解和掌握餐厅空间的基本要求和基本理论,避免学习的盲目性。

要求
提出餐厅设计的基本要求和评判标准,引导学生建立餐厅设计的基础理论知识。在形象化的教学中使学生提高学习的热情,喜欢这门学科,从而产生主动地去寻求、获取知识的强烈欲望,有的放矢地去学习餐厅设计这门特殊的学科。

重点
餐厅设计是一门兼容多种专业的综合性学科。从社会文明发展与餐饮文化的演变了解餐厅空间形成的历史;从发展史的角度了解不同的餐饮行为;不同的餐饮行为构成不同的餐厅形式;从餐厅空间设计的基本概念与形式掌握餐厅空间的基本语言;不同的餐厅形式构成不同的风格;从餐厅空间设计的基本要求里找到其与其他空间的差异性,从而锁定特定的餐厅空间的表现形式。

注意事项提示
1. 建立餐厅设计的基本概念。
2. 了解理论学习的重要性,为以后设计打下基础。
3. 理论学习比较枯燥,教师可以从大量的案例和生动的语言表述中激活学生学习的兴奋点。

小结要点
1. 学生学习餐厅设计的第一个阶段,是否掌握了基本的理论知识。
2. 是否激发了学生学习和探求知识的热情。
3. 学生是否明白学习该课程的目的。
4. 学生是否能主动地提出相关的问题。

为学生提供的思考题:
1. 餐厅空间设计的基本定义是什么?
2. 餐厅空间设计的基本功能是什么?
3. 餐厅的分类有哪些?

学生课余时间的作业练习题:
以上三个命题任选一个,做文字性的阐述。(要求在1000字左右,用打印稿交作业)

为学生提示的本单元的参考书目及网站:
《餐饮文化空间设计》刘蔓编著 西南师范大学出版社

单元作业命题:
餐厅空间小题设计(草图方案2~3个)

作业命题设计的缘由:
学生刚刚学习餐厅空间设计会遇到很多难题。如果压力太大,学生会丧失学习的积极性,所以要安排餐厅空间小题设计。在小题设计中尝试设计功能分区和人流走向,其他的问题留在下个单元解决。

命题设计的具体要求:
餐厅空间小题设计,用草图的方式表达自己的思想,作2~3个不同空间分割方案的草图。草图应该有相应的比例关系,养成按一定的尺度去控制空间的习惯(尺度和比例的问题应该在制图课里解决)。

命题作业的实施方式:
1. 草图完成后先由学生自己讲述为什么要这样设计,表达自己对餐厅空间的理解。这样做对学生在理论与实践的结合上非常重要。
2. 安排互动空间,组织学生展开讨论,互相交流设计心得。
3. 教师对学生的设计作业及讨论情况进行总结。

作业规范与制作要求:
根据课题设计方案中面积的大小,可以按1:50或1:100的比例来进行草图的练习。

单元作业小结要点:
1. 草图是否有相应的比例关系。
2. 草图的功能流程是否条理清晰。

第 2 教学单元

餐厅空间设计的基本程序

一、设计策划准备阶段

二、方案设计阶段

三、施工图设计阶段

四、施工图实施阶段

五、单元教学导引

一、设计策划准备阶段

餐厅空间设计策划准备阶段是我们展开设计工作的第一个阶段，它包括下面六个内容。

（一）设计项目现场的分析报告

现场的分析报告包括场地与土建图纸的核对，并且要有详细的检尺；对现场空间及与之相邻的关系要有明确的记录；对现有的设施设备有清楚的了解；对建筑结构要进行分析；对场地的环境及采光要做实地检测。另外，还要对周边的地理环境有充分的认识和了解。比如快餐店的选址，了解周边的环境尤其重要，必须有相当大的人流量，最好在城市的商业中心。又如度假餐厅，周边环境就需要有大面积的绿化，窗户尽可能大，让人感受到假日的休闲氛围。图2-1至图2-4是我在为上海凯旋路一个建筑做设计之前的场地分析报告时拍摄的。

（二）业主的分析报告

业主的分析报告，主要是了解业主所要经营的项目、经营理念、设计需求、职业及习惯等。这是餐厅设计定位的一个重要方面。

（三）市场分析报告

企业总是在市场中寻求发展。因此是否适应市场决定一个企业的成败。设计工作者的设计定位也应以市场为依据，只有对市场做深入了解和判断，对市场的发展做出准确的预测，才能提出独有的设计理念和设计主题，明确了解自己该怎样去做。市场调查包括两个方面，一方面要调查了解同行业的情况，另一方面要调查了解市场的需求。

（四）顾客的情感需求报告

顾客是企业竞争的对象。在了解市场、分析研究、抓住本质、确立主题以后，必须进一步分析消费者的情感需求。围绕主题进行深入分析，确定我们所出售的文化所针对的对象属于哪个群体，了解这个群体消费的层次、喜欢的生活方式以及需要的情感空间等。这样我们就可以根据人们的心理和社会因素来进行市场分类，从而提炼出具有明确主题的餐厅空间设计。凡是涉及顾客的情感，方方面面都应该考虑到。在同一类群体中，其情感和要求也不是单一的，男女老少、兴趣爱好、一年四季、东南西北等都应该考虑到。当然，即使是同一个人，他的思想情感都是千变万化的，何况一个群体，天大的本事都无法做到完美。我们说了解情感，也只能是尽可能把握住大多数人的情感需求。

"顾客就是上帝。"顾客与上帝本来是两个不同的概念，心中的上帝是无限神圣和伟大的。把顾客称为上帝，说明顾客在商业竞争中是何等的重要。市场竞争实际上就是争取顾客。顾客越多，经济效益越高。即使前面我们讲的以名贵取胜的企业，也是要尽最大可能去争取顾客。把握住了顾客的情感，就把握住了顾客，也就赢得了企业的成功。当然，也是设计者的成功。因此，把握住顾客是一个餐厅成功的关键。

（五）资料的分析报告

对相关资料的搜集有利于我们把握自己的工作内容和性质，尤其是一些特殊的餐厅空间。资料分析是指我们对建筑图纸的阅读和掌握图纸的技术数据报告。我们要对其进行综合、抽象、概括、归纳，并以此来梳理自己的思维，使我们清晰地了解自己设计工作的内容和性质。

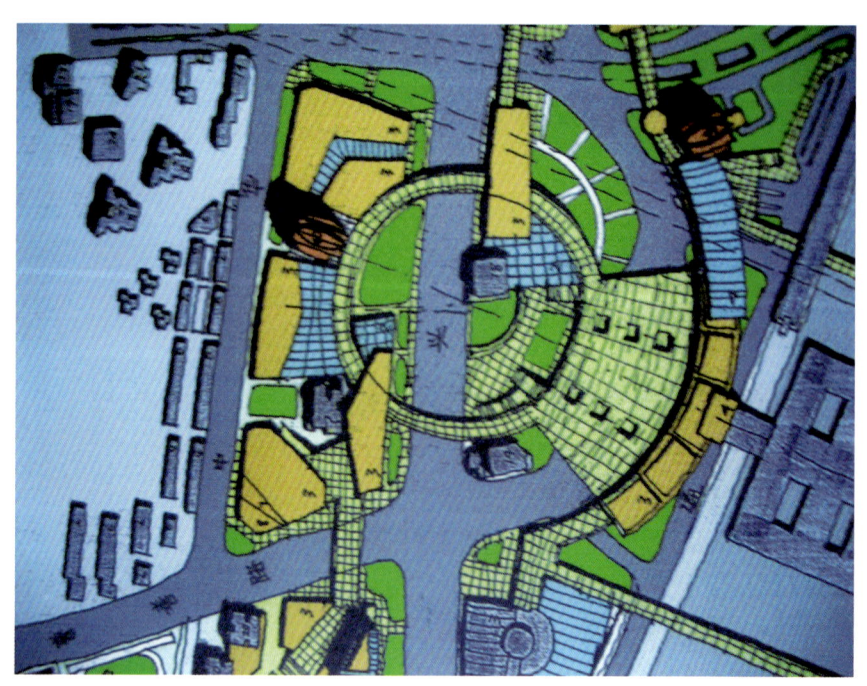

▲图2-1 摄自上海城市规划报告

（六）咨询报告的搜集

咨询报告的资料搜集主要是对一些与设计相关的内容的了解，包括公共安全设施的资料情况、消防系统是否完善、交通流向是否合理、照明系统是否规范、暖通系统是否已经建立、卫生设施是否到位等。只有掌握了这些，我们才能把设计作品做得更安全、更完善、更合理。

▲图2-3 要改造的建筑物

▲图2-2 周边环境

▲图2-4 周边环境

二、方案设计阶段

餐厅空间方案设计阶段是指在设计准备阶段的基础上，进一步把搜集起来的相关资料进行整理分析，准确地确立设计构思，从容地进入方案的设计阶段，再对方案进行比较归类。此阶段的工作包括以下几个方面。

（一）提出设计计划任务书

要有一个严谨的设计计划时间表，把握好设计的进度，才能确保设计的顺利完成。

（二）了解业主的项目计划任务

针对一个既有的餐厅场所，了解业主的项目计划任务非常重要。通过与业主交流和沟通，达成设计目标的共识，包括市场定位、经营定位、设计理念的定位等，这些都应该形成书面文件。

（三）了解业主对该餐厅的经济投入情况

掌握了经济投入情况我们才能合理地分配资金，使资金得到最大限度的有效利用，这是决定我们设计定位的重要因素之一。

（四）餐厅方案设计阶段

该阶段工作内容必须提供设计文件，文件包括方案设计阶段的图纸（包括平面方案图和立面方案图）和反映空间计划草图的平面方案图。我们可以明确地表达我们对空间的分隔、计划，容纳的人数，人流线路的计划等。提供的平面图可以是电脑绘制，也可以是手绘的形式，但一定要有准确的比例。因为面积是按比例来进行缩放的，平面图应该有墙、柱定位尺寸，立面图也必须有相应的比例，这样才能说明自己的设计理念。为了更好地和业主交流，必须提交自己的设计说明，让大家了解你的设计思想和设计定位并达成一致意见，待业主签阅后再进行下一步工作。（图2-5至图2-12）

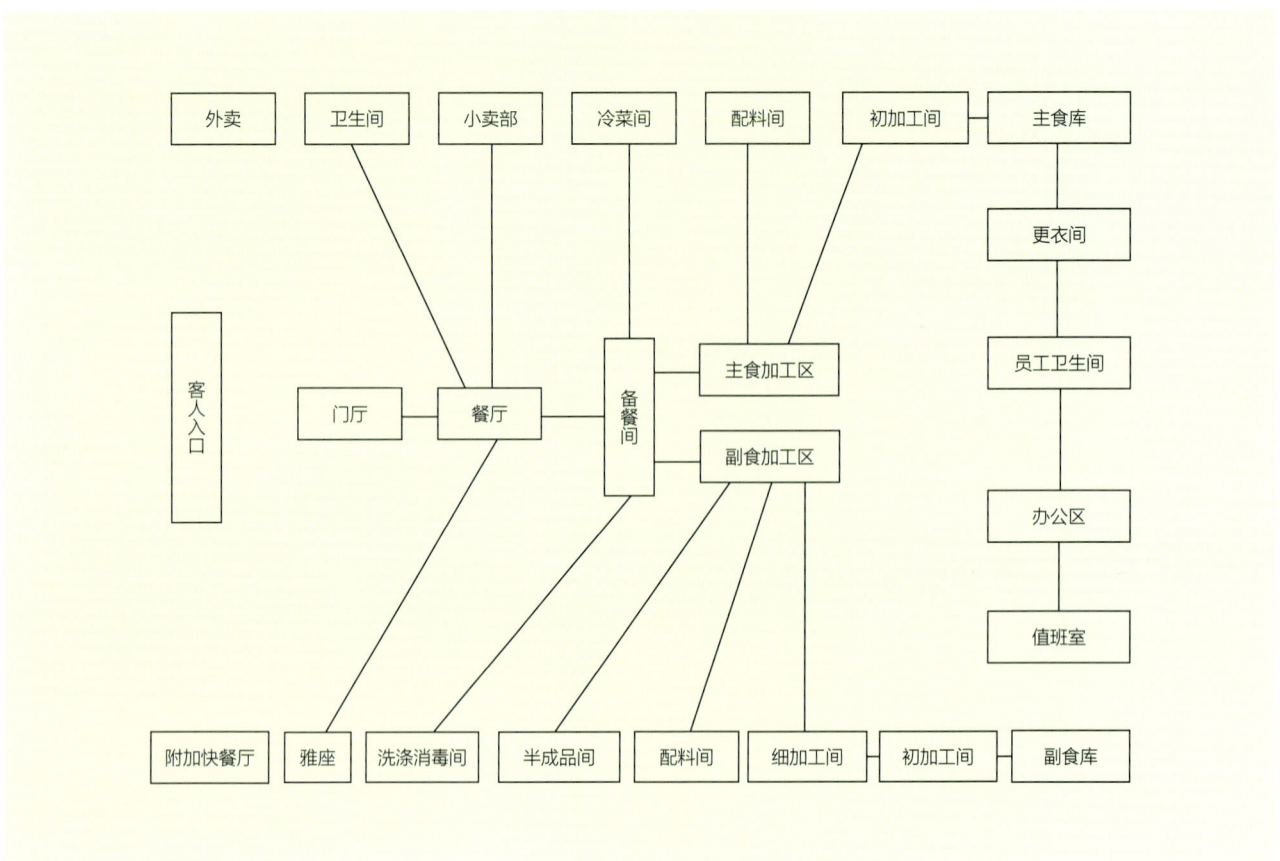

▲图2-5 餐厅的组成表

等级	类　　别	
	餐厅（m²/座）	小食店（m²/座）
一	1.30	1.30
二	1.10	1.30
三	1.00	—

▲图2-6 餐厅面积指标

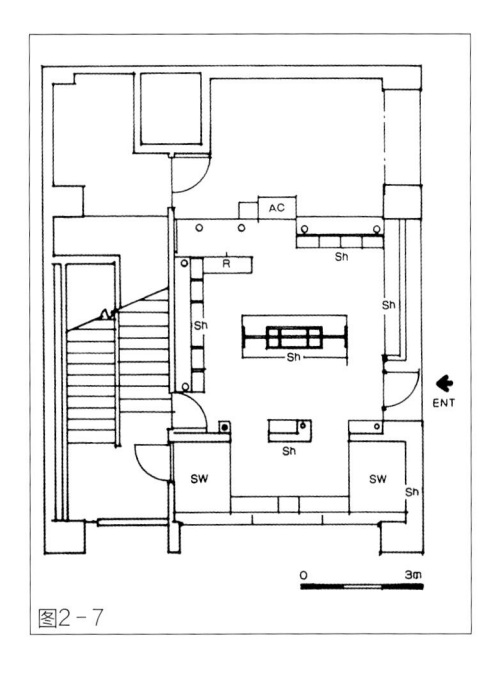

第二教学单元 餐厅空间设计的基本程序 | 29

图2-7

图2-8

▲图2-7、图2-8 日本一家料理餐厅的草图设计

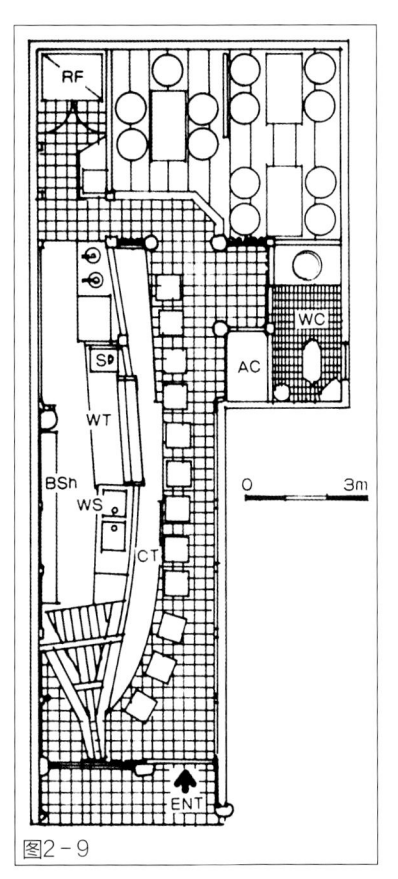

图2-9

图2-10

▲图2-9、图2-10 日本串舟餐厅的草图设计

图2-11

图2-12

▲图2-11、图2-12 日本GETZ餐厅的草图设计

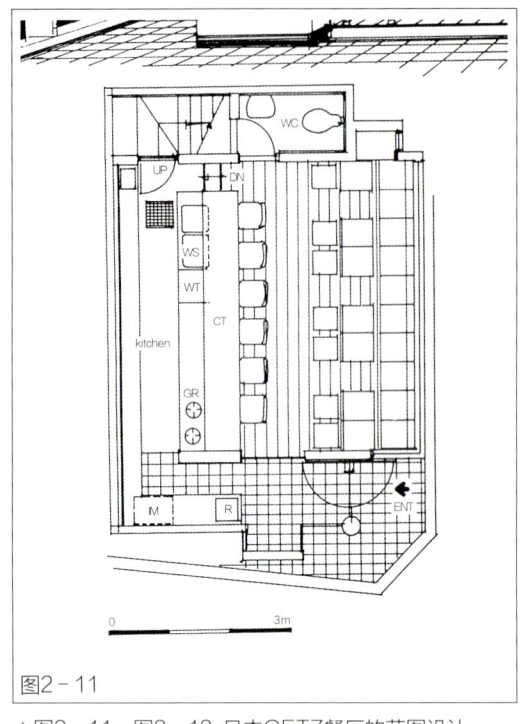

三、施工图设计阶段

施工图设计阶段是一个方案深化计划的阶段。在初设方案的基础上，我们必须对设计进行深化，这个过程非常重要。它是我们为施工提供的一个准确的依据，是把我们的设计变成现实的一个重要环节。对所选用的构思计划通过一系列设计手段，对室内空间的处理做深入细致的分析，以深化设计构思。餐厅设计的方案深化阶段包括确定初步设计方案和提供设计文件。室内设计初步方案的文件通常包括平面图、立面图、室内墙面展开图、顶棚平面图、建筑装饰效果图及对建筑装饰做出的结算。

（一）平面图的深化阶段

这一阶段主要是对地平面的不同功能进行合理地分区，对设计方案进行空间计划。空间计划包括对功能分区、人流线路的合理安排。公共空间、半隐蔽的空间、私密性的空间、内部人员使用的空间（包括面积大小、不同的功能功用、员工通道、不同功用之间的联系线路、员工和客人之间的联系通道等）、公共空间的通道、主要通道的方向、人流线路是否合理、次要通道需要多大空间、主通道与次通道的关系等，不同空间的不同要求都需要在方案深化阶段具体到图纸上，比如餐厅所要容纳的人数是多少、桌子能安排多少、每桌容纳的人数是多少（如四人座、六人座、八人座、十人座、十二人座、二十人座、情侣座等）、是否需要包间、包间的个数是多少、不同包间容纳的人数是多少等。在平面图的深化阶段，还需要有地拼图，地拼图要准确地反映地面用的材料、地面材料的多少、不同材料之间如何衔接等方面的情况，这样才不会在材料的计划中造成浪费。平面图深化阶段非常重要，它涉及以后的经营方式和管理。对设计方案进行空间计划、功能分区，人流线路合理安排后，用平面表现的方式，绘成平面图，常用比例为1∶50、1∶100、1∶150、1∶200等。（图2-13至图2-16）

第二教学单元 餐厅空间设计的基本程序 | 31

平面布置图

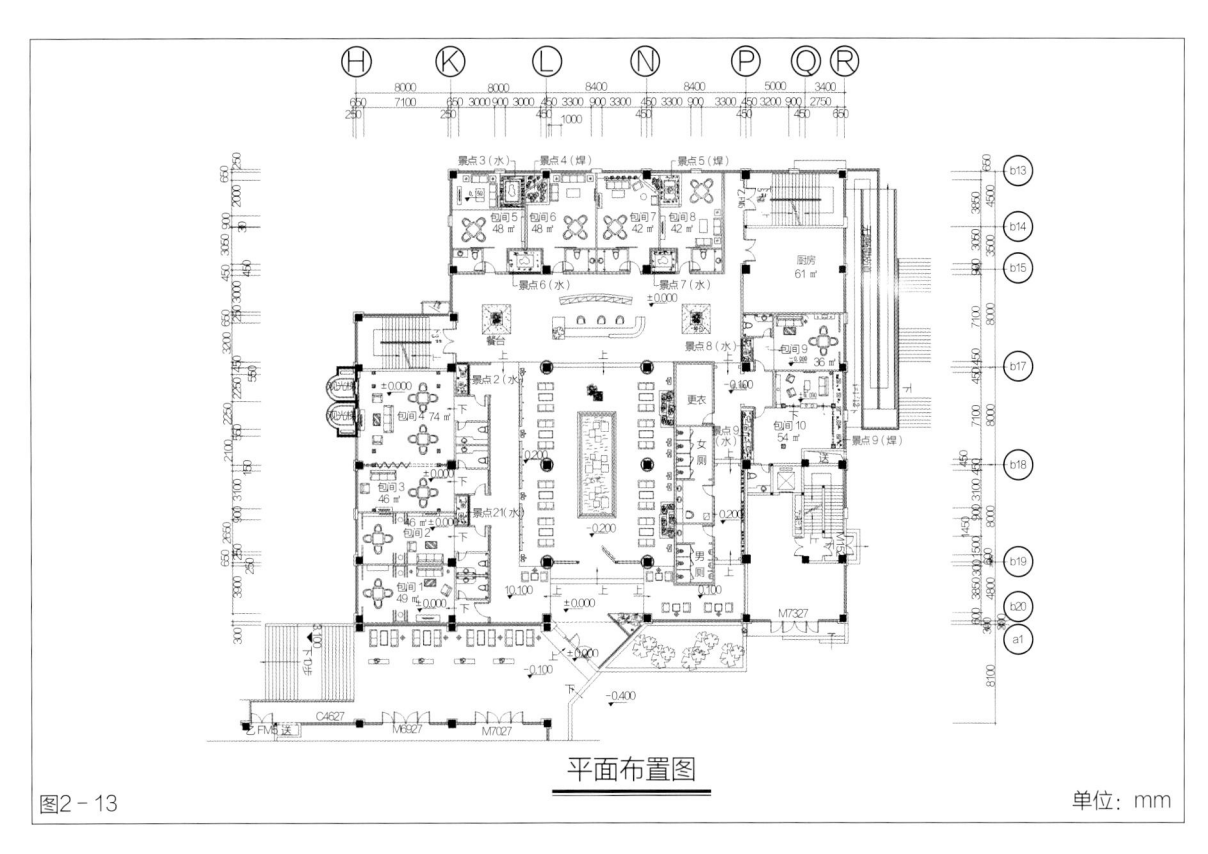

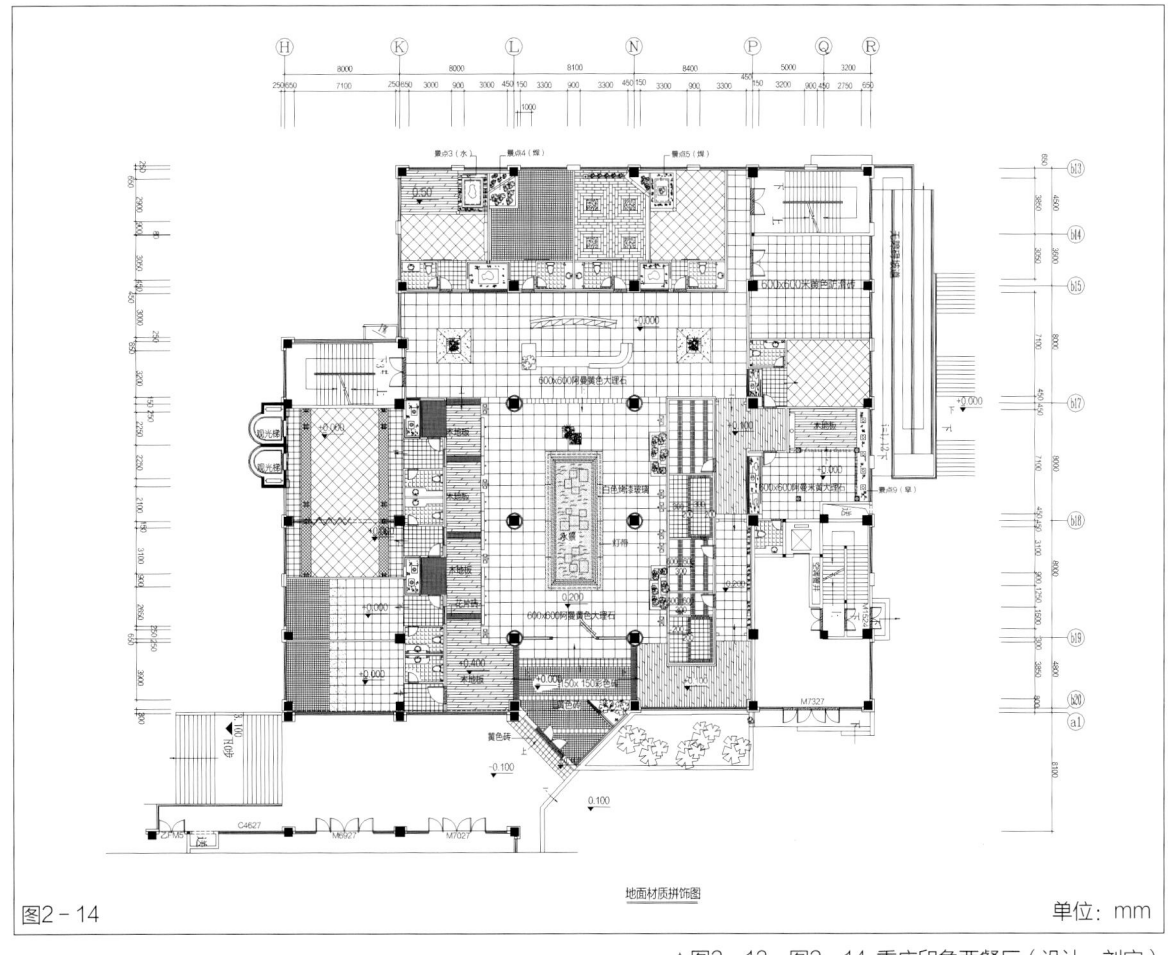

图2-13　　　　　　　　　　　　　　　　　　　　　　　　　　　单位：mm

地面材质拼饰图

图2-14　　　　　　　　　　　　　　　　　　　　　　　　　　　单位：mm

▲图2-13、图2-14 重庆印象西餐厅（设计：刘宇）

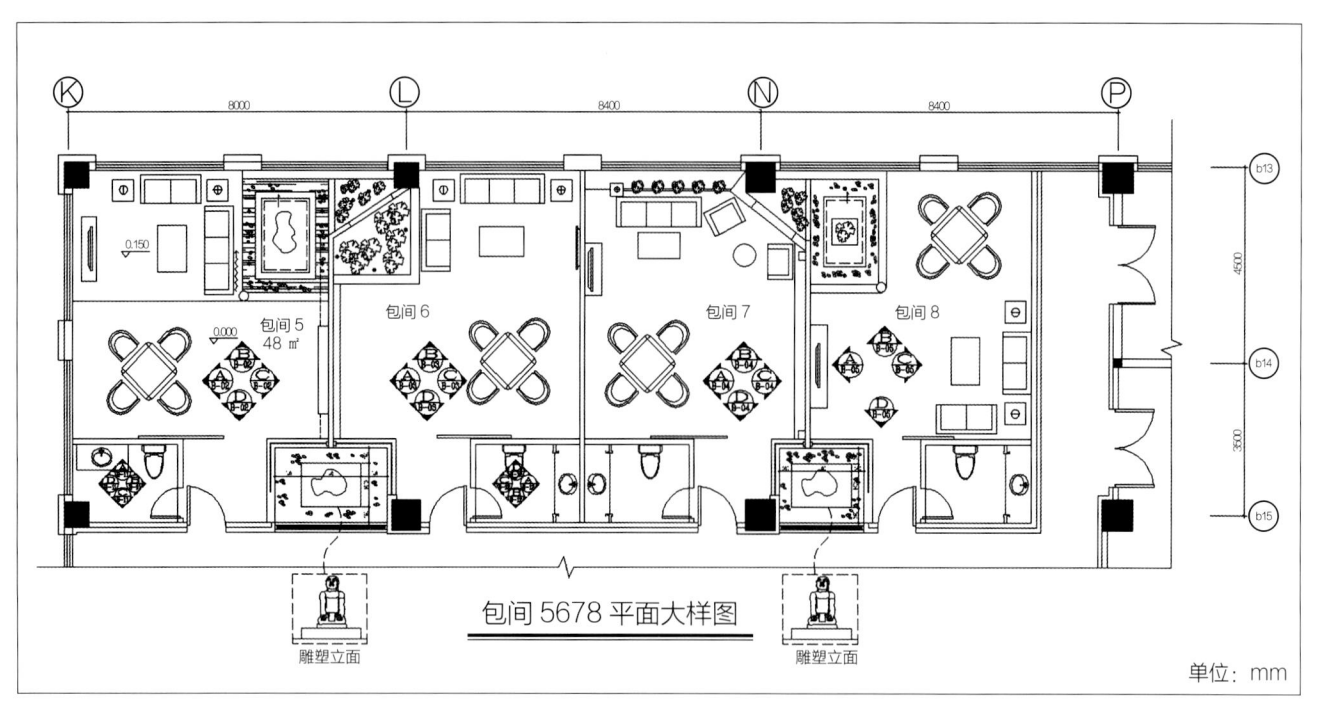

▲图2-15 重庆印象西餐厅（设计：刘宇）

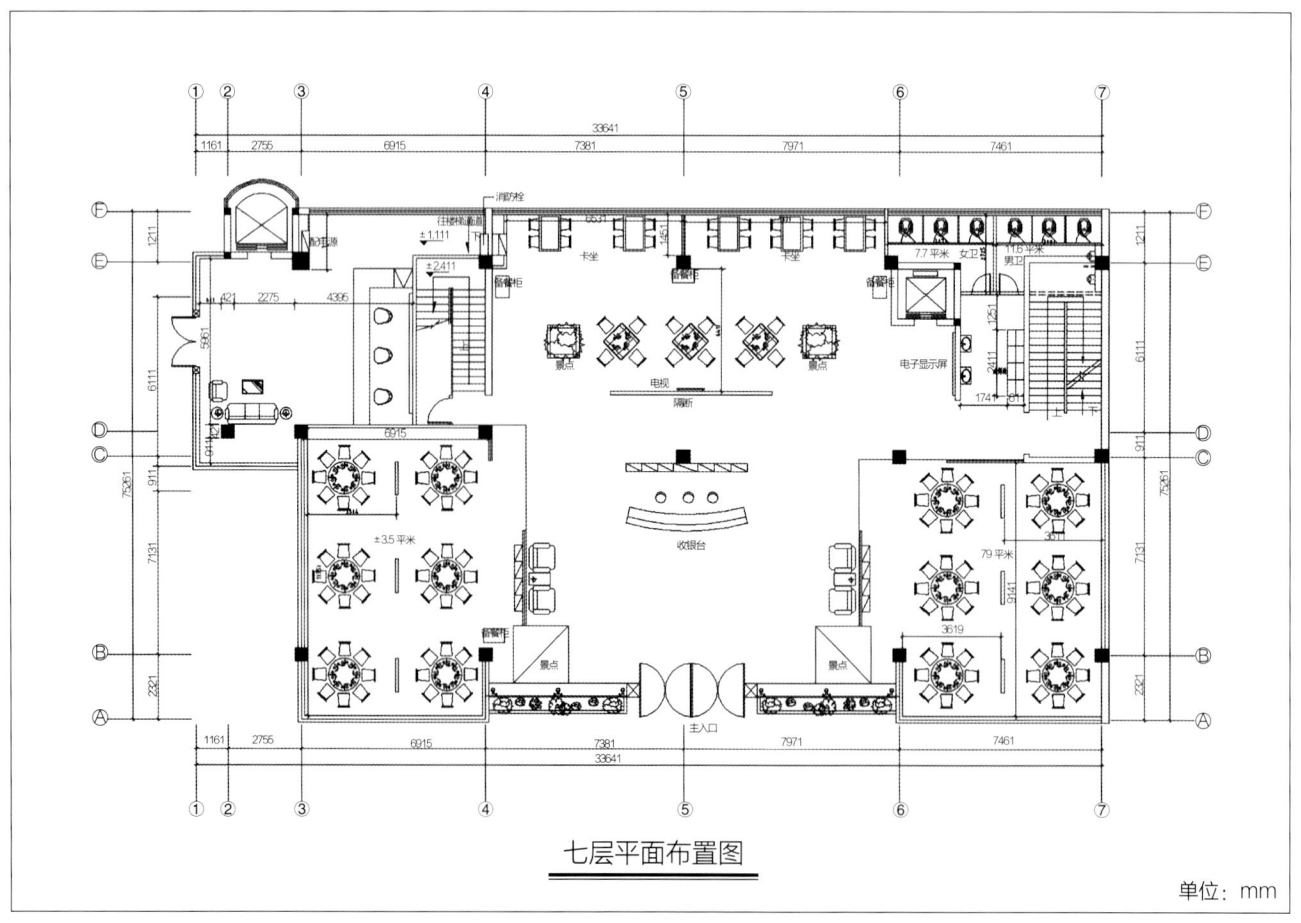

▲图2-16 万州滨海湖酒店平面图（设计：刘蔓）

（二）室内立面展开图

详细的立面图要明确表达设计师的意图，协调各个立面的关系，常用比例为1∶20，1∶30，1∶40，1∶50，1∶100等。（图2-17至图2-20）

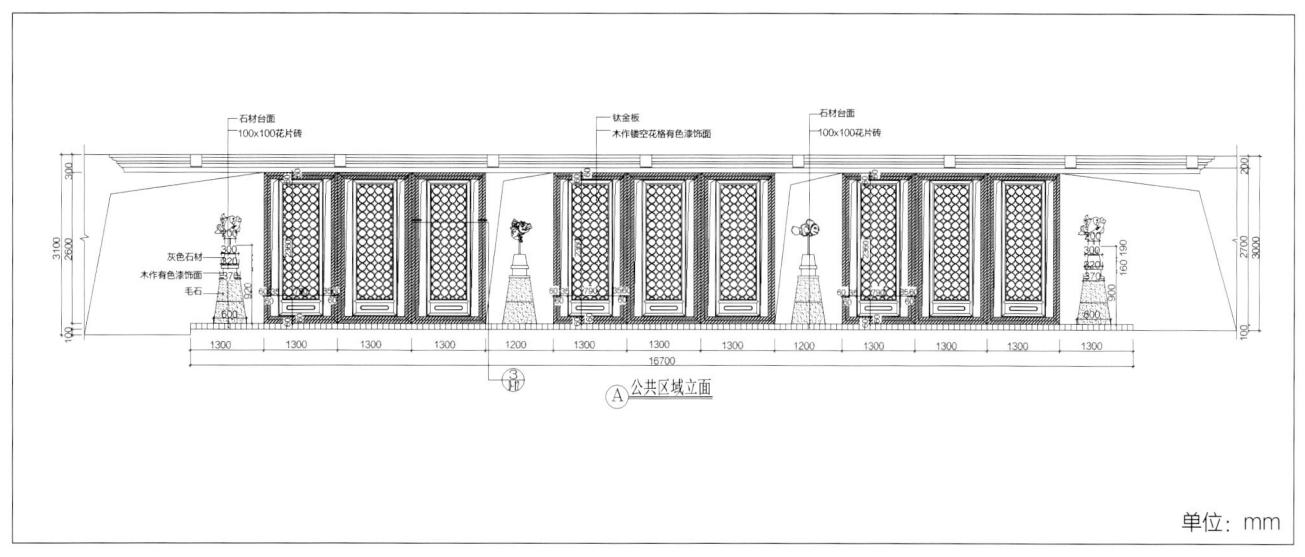

▲图2-17 重庆印象西餐厅（设计：成都市卓引建筑装饰设计有限责任公司）

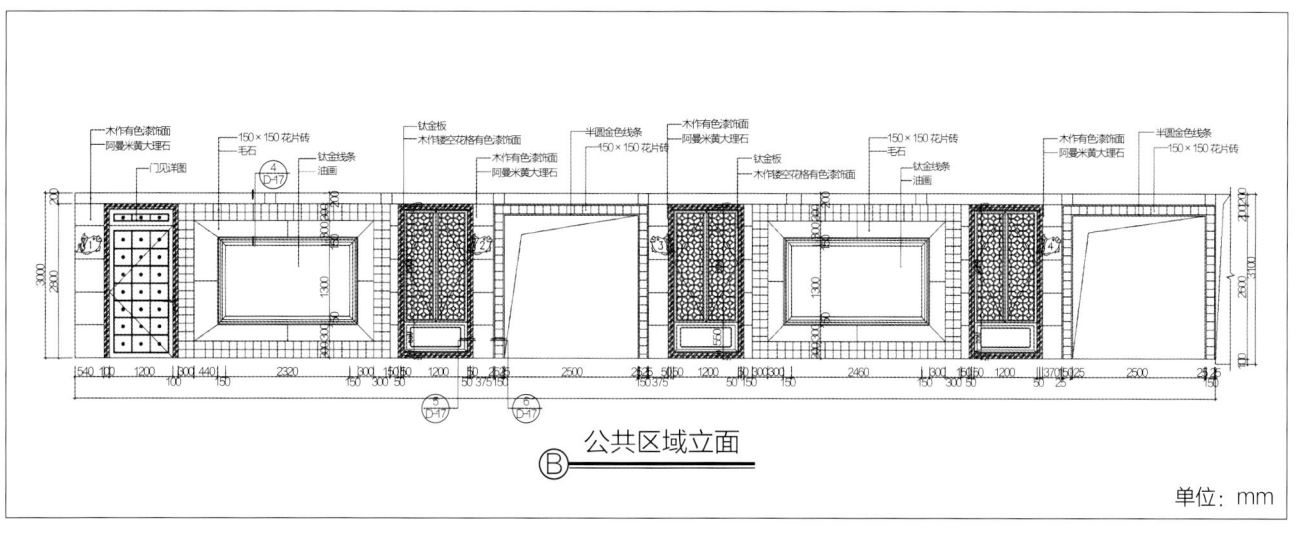

▲图2-18 重庆印象西餐厅（设计：成都市卓引建筑装饰设计有限责任公司）

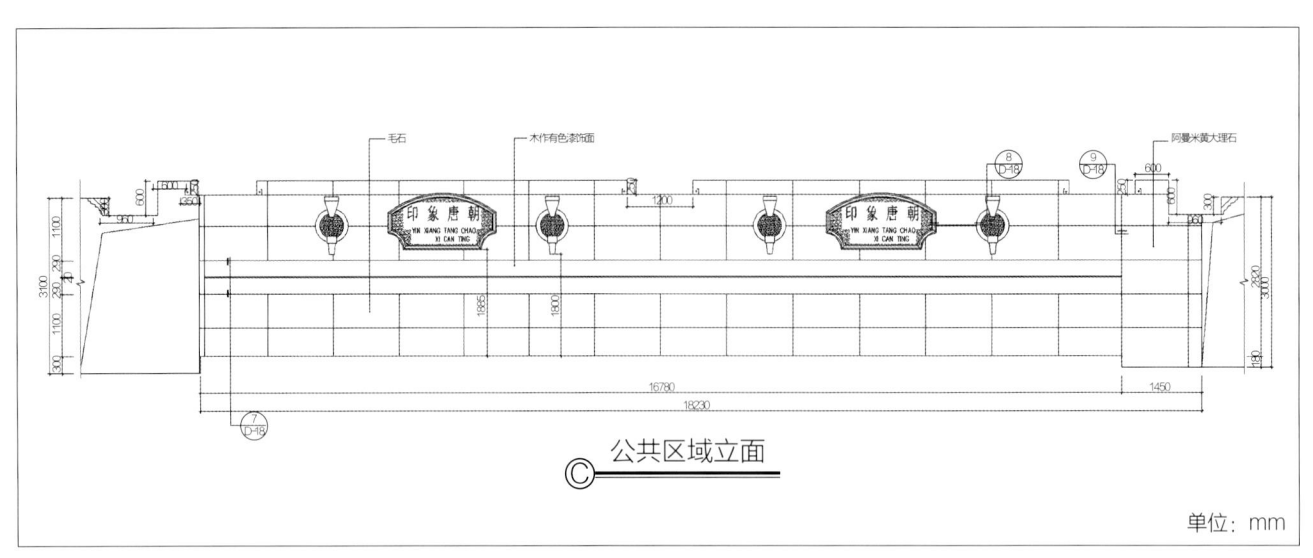

▲图2-19 重庆印象西餐厅（设计：成都市卓引建筑装饰设计有限责任公司）

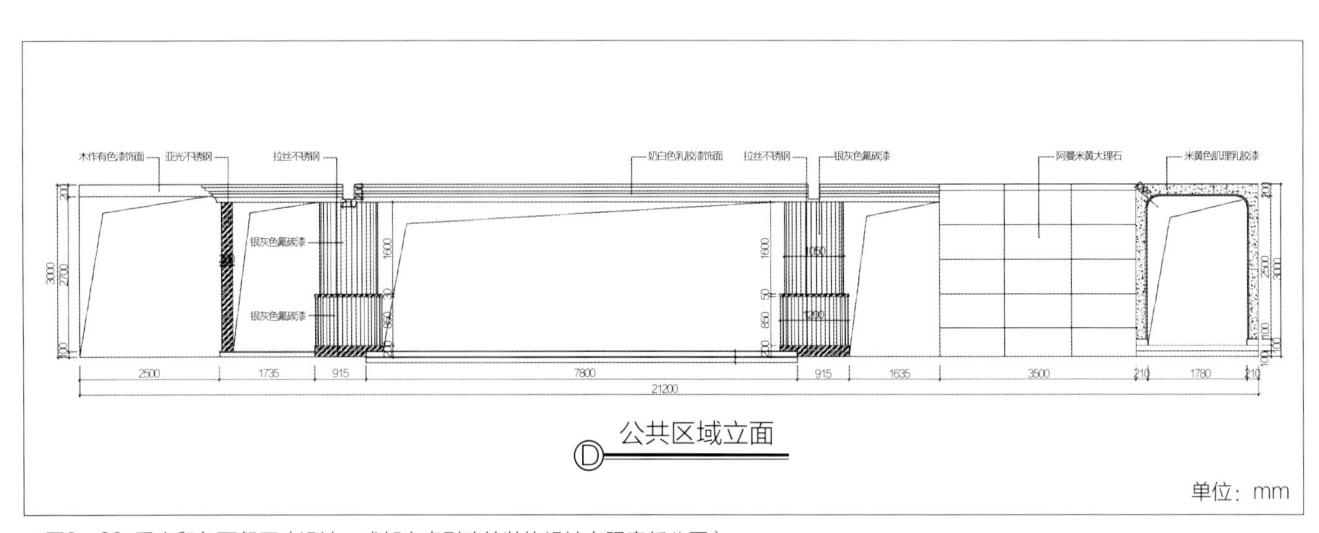

▲图2-20 重庆印象西餐厅（设计：成都市卓引建筑装饰设计有限责任公司）

（三）顶棚平面图

顶棚平面图用于表现顶棚平面的造型，包括照明设计图、暖通图、消防系统图等详细的设计图。常用比例为1∶50，1∶100，1∶150，1∶200等。（图2-21~图2-28）

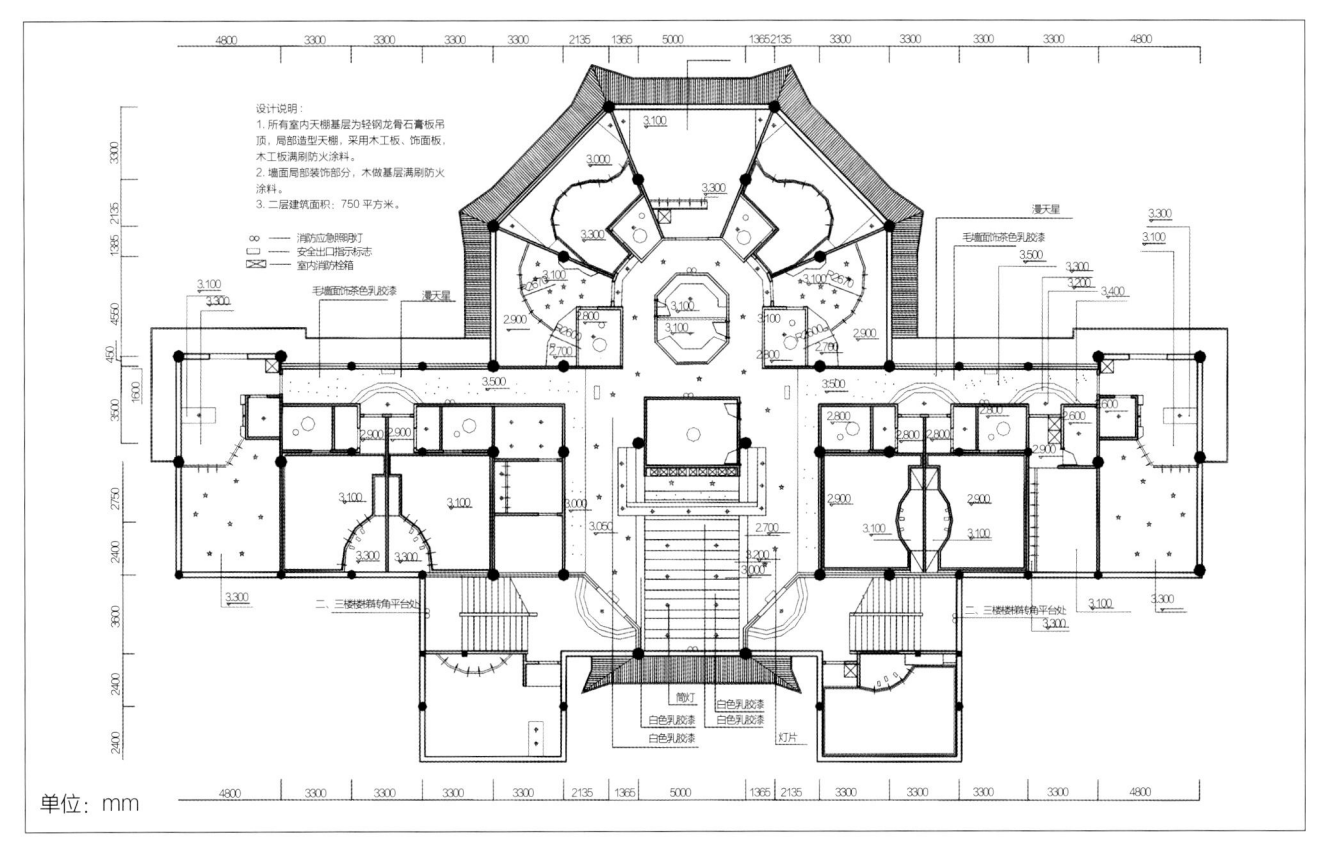

▲图2-21 琴台广场餐厅二层天棚平面图

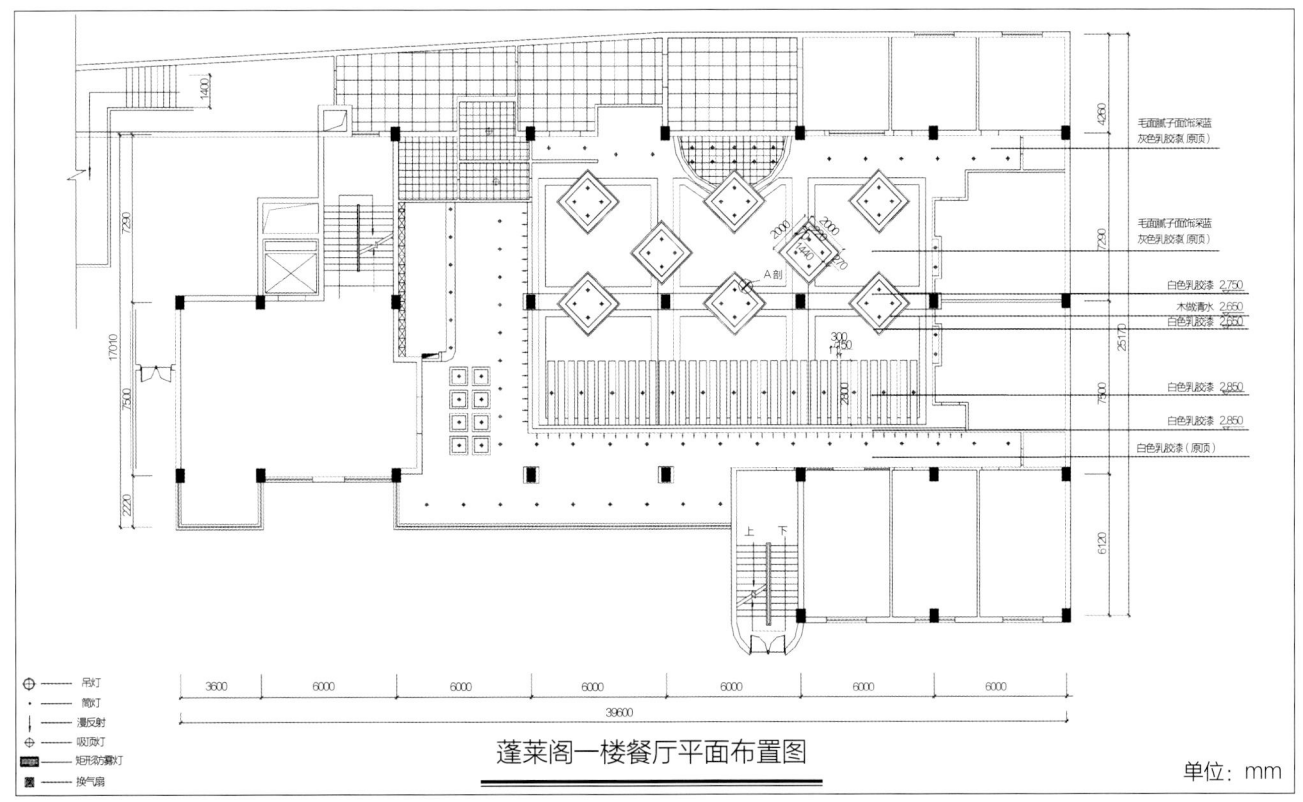

▲图2-22 蓬莱阁餐厅平面布置图

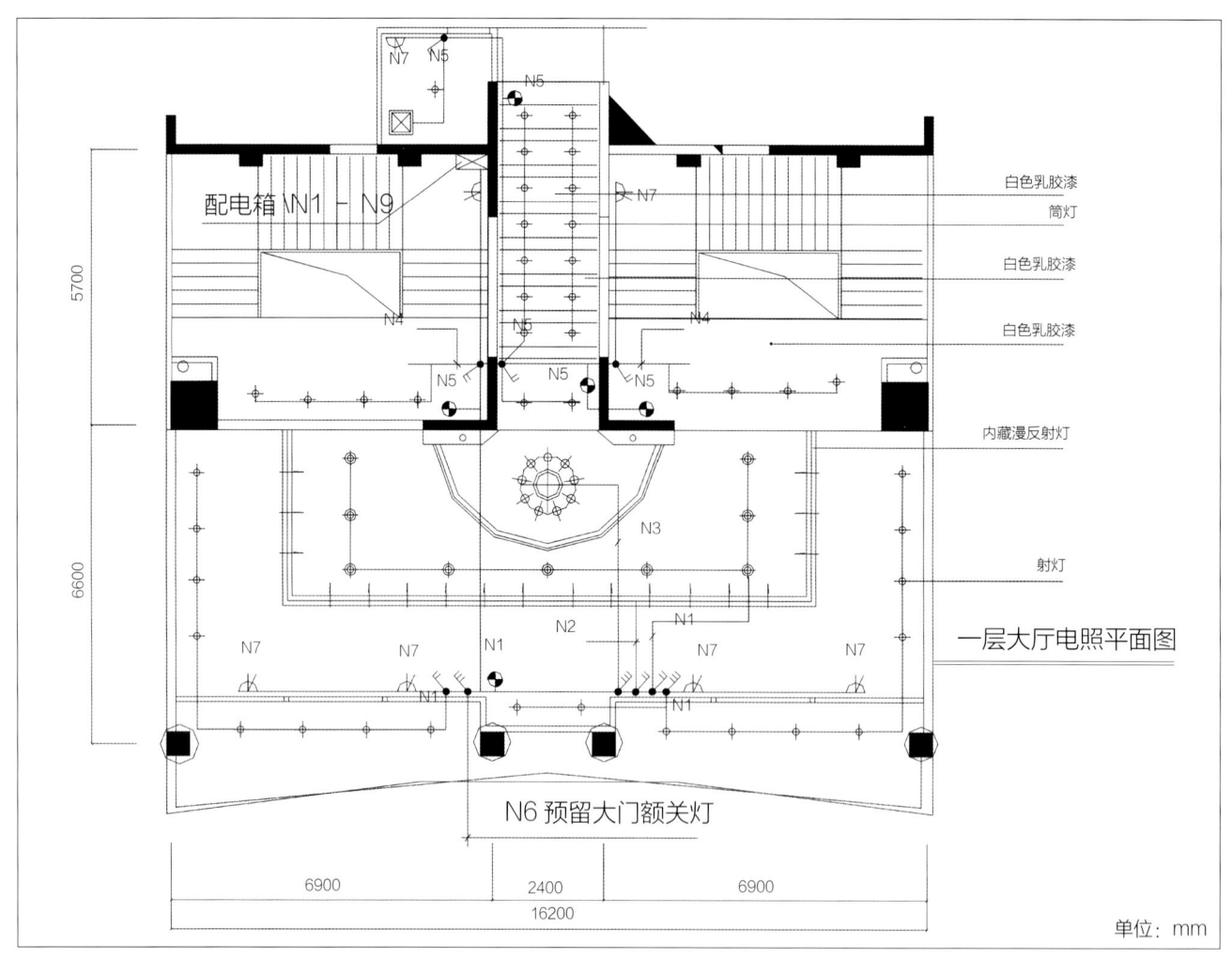

▲图2-23 餐厅入口大厅的照明设计图

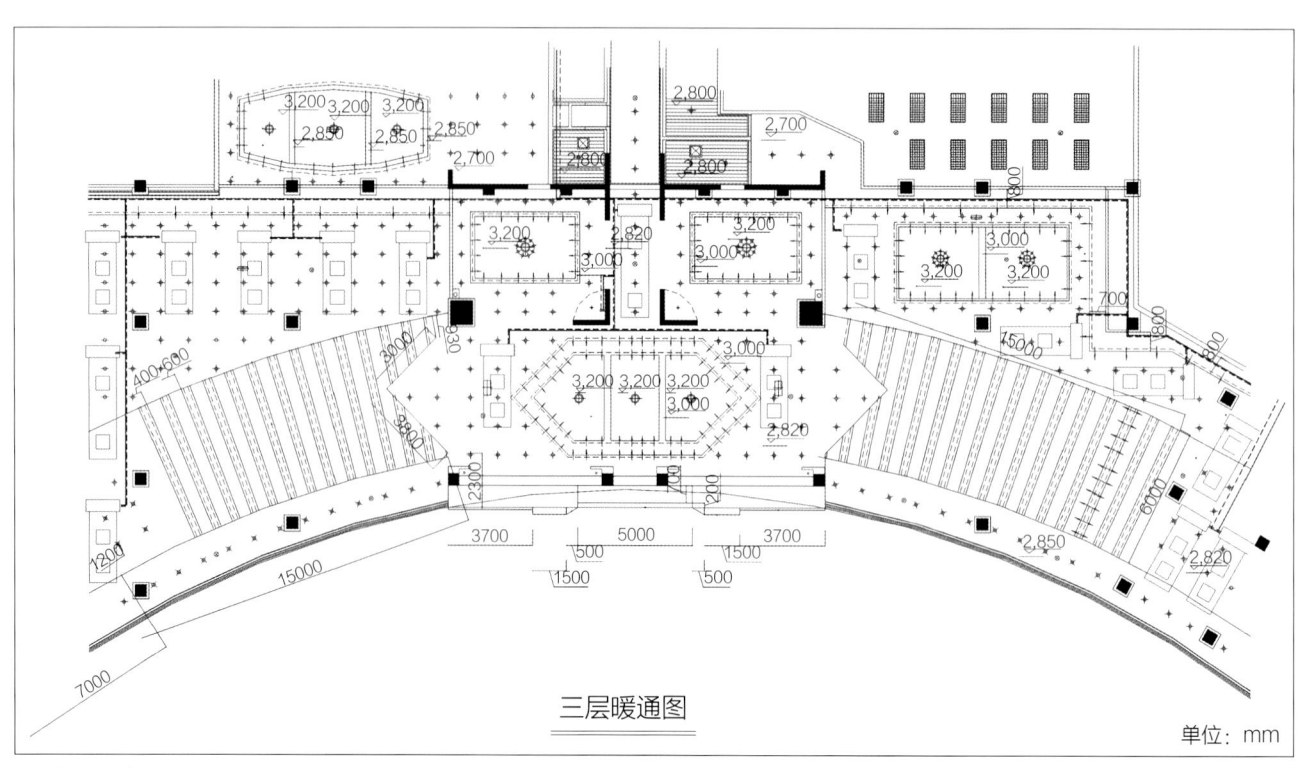

▲图2-24 餐厅三层暖通图

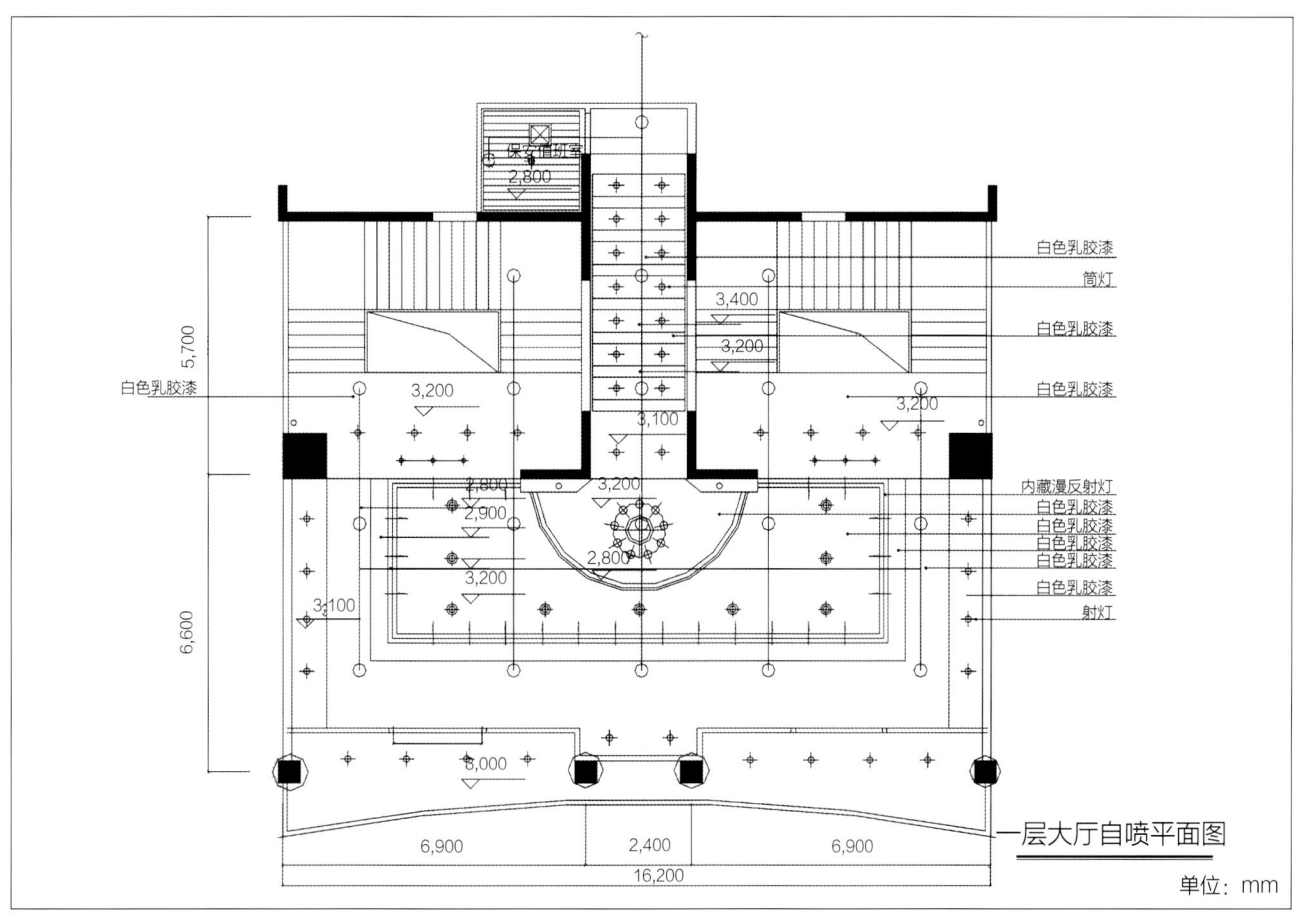

▲图2-25 消防系统的自喷平面图

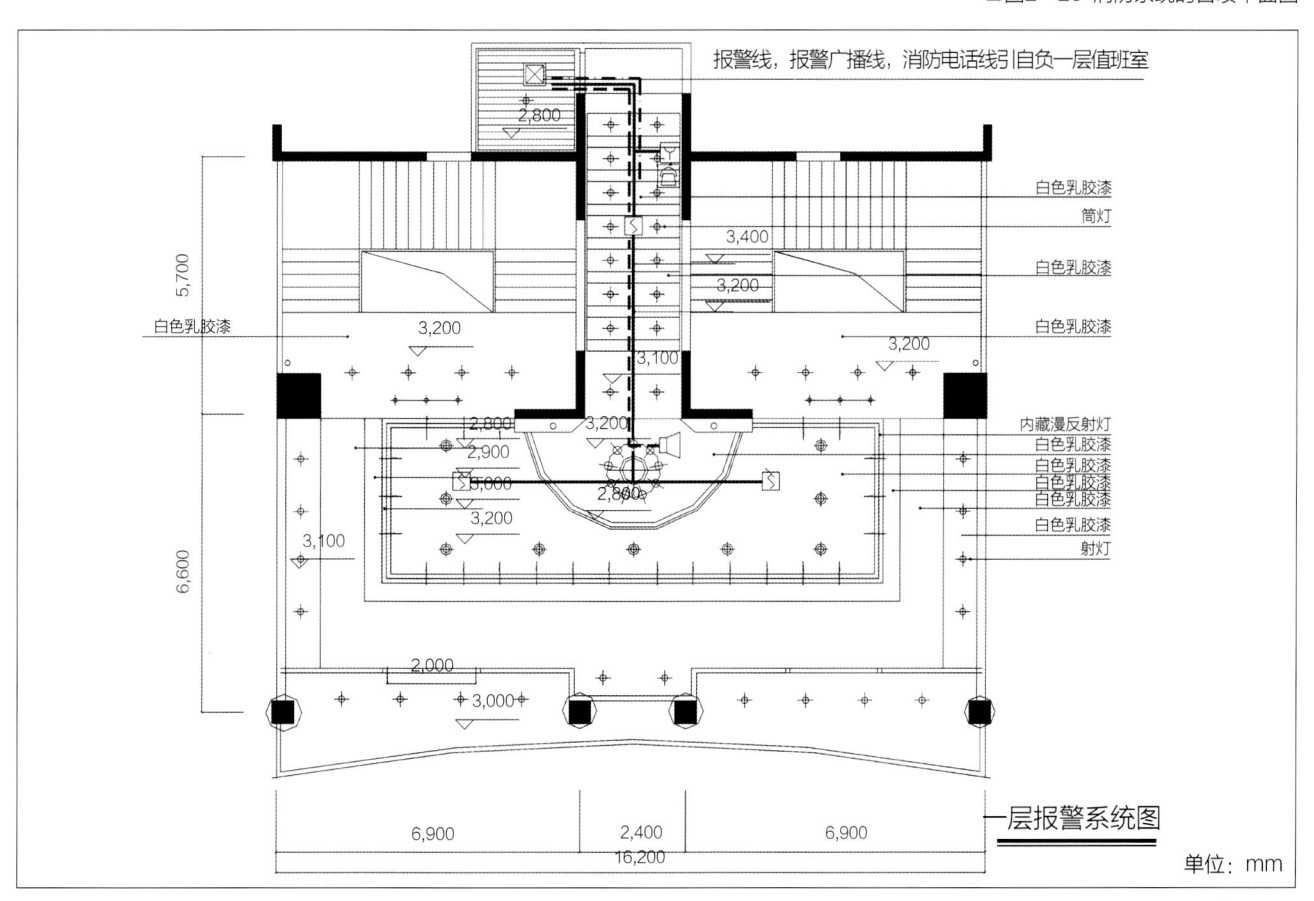

▲图2-26 报警系统图

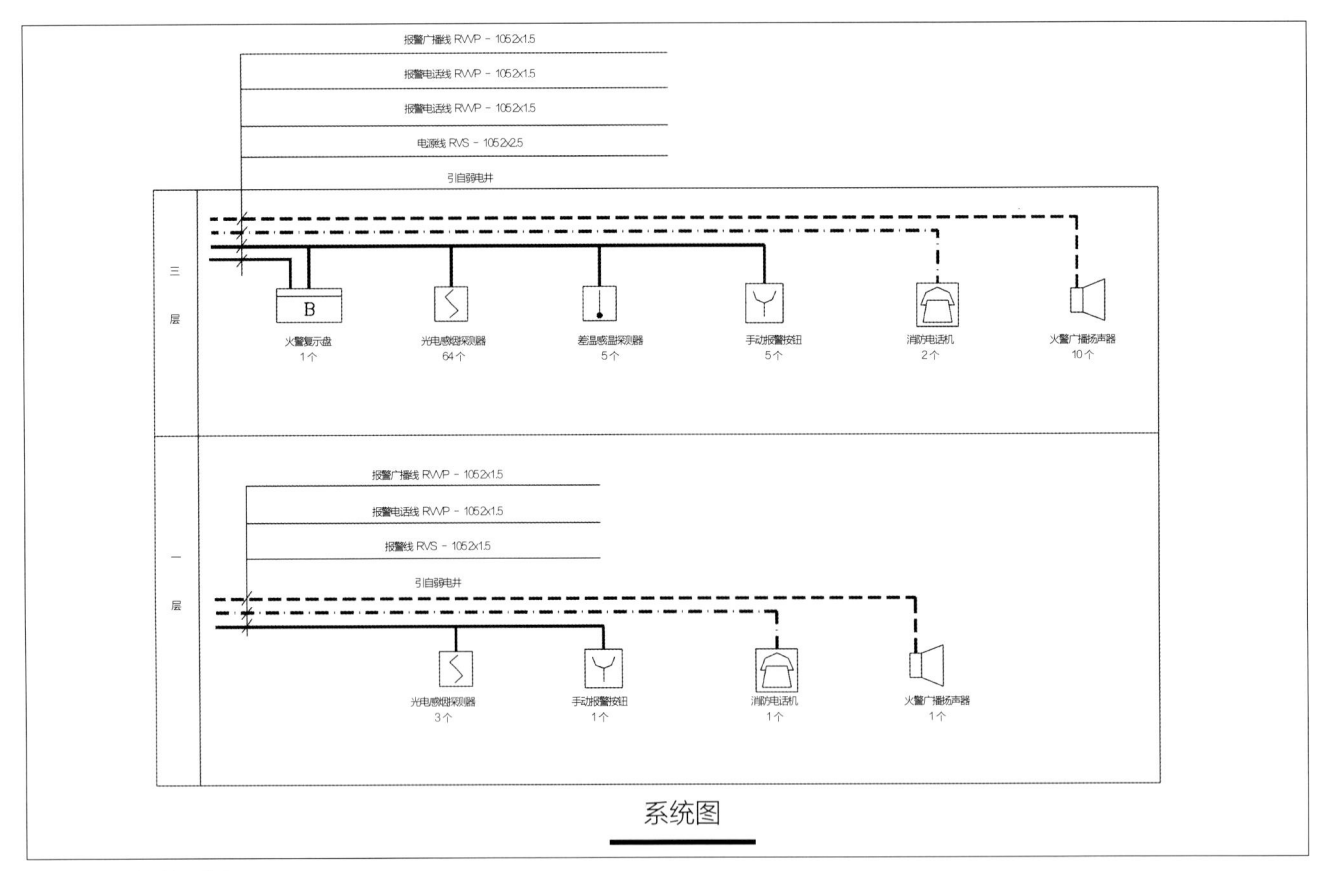

▲图2-27 报警系统图

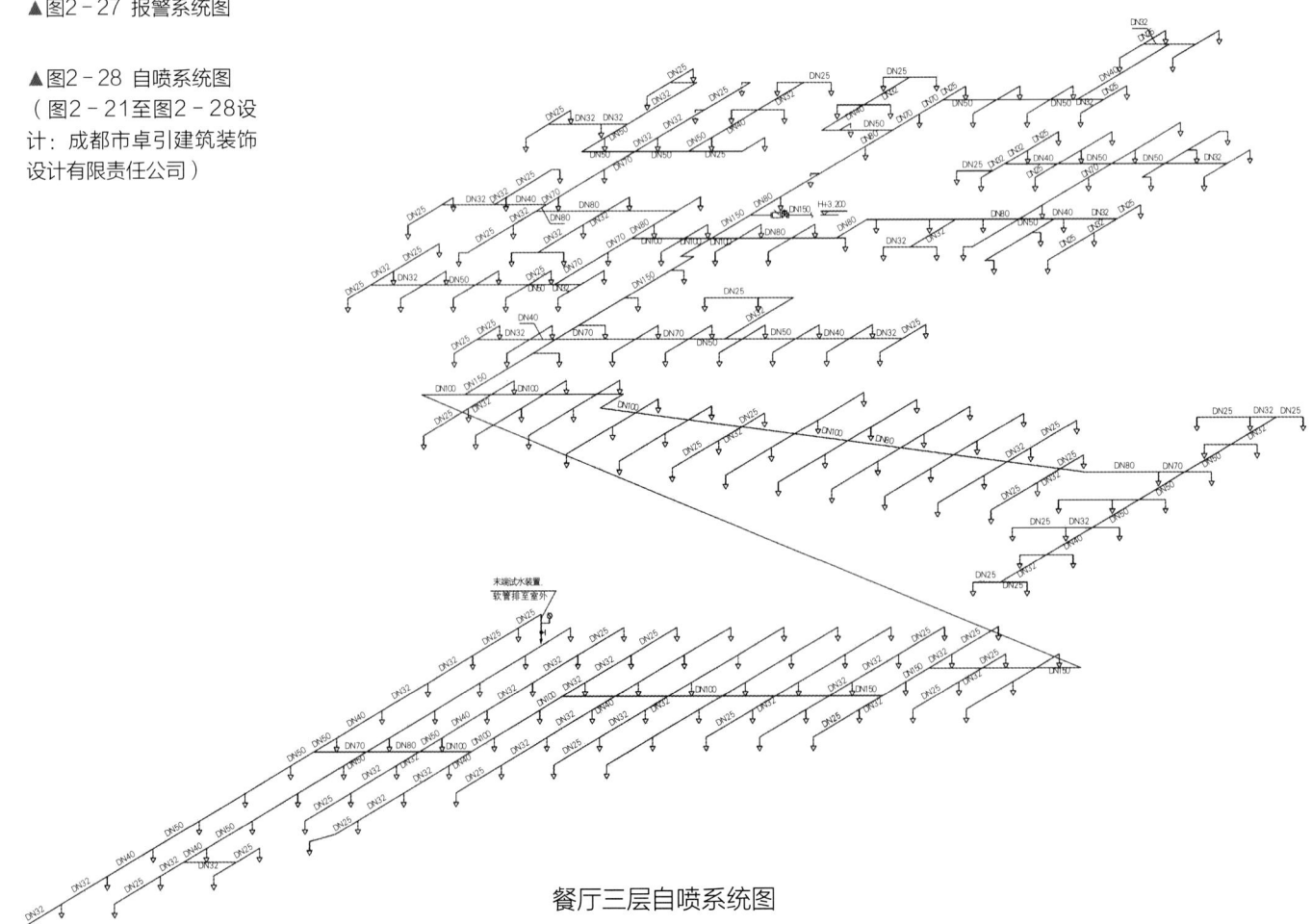

▲图2-28 自喷系统图
（图2-21至图2-28设计：成都市卓引建筑装饰设计有限责任公司）

（四）室内预想图

室内预想图能清楚地表达设计师的设计意图，并把设计预想清晰地呈现在大家的面前。这是一种直观的设计表现手段，包括手绘预想图、电脑绘制预想图等。（图2-29至图2-35）

▲图2-29 琴台广场餐厅室内预想图（设计：成都市卓引建筑装饰设计有限责任公司）

▲图2-30 瑞升餐厅包间预想图（设计：成都市卓引建筑装饰设计有限责任公司）

▲图2-31 南苑宾馆餐厅包间预想图
（设计：成都市卓引建筑装饰设计有限责任公司）

▲图2-32 南苑宾馆大堂预想图
（设计：成都市卓引建筑装饰设计有限责任公司）

▲图2-33 海外特色餐厅：Praq餐厅／荷兰

第二教学单元 餐厅空间设计的基本程序 | 41

图2-34

图2-35

▲图2-34、图2-35 手绘餐厅预想图（催笑声《设计手绘表达》）

（五）室内装饰材料实样版面

这在设计过程中是不可缺少的一个程序，包括确定选用什么材料来表达我们的设计意图，材料的造型特征、颜色、成型的可行性等说明，以便为施工提供一个选材的依据。（图2-36至图2-40）

▲图2-36 大理石系列

▲图2-37 花岗石系列

▲图2-38 树皮系列

▲图2-39 地砖系列

▲图2-40 木纹系列

（六）设计意图说明和造价概算

设计意图说明是对设计意图和设计思想的一个补充说明。造价概算是对设计作品做的一份经济可行性报告。

（七）施工设计大样图

初步设计方案需经审定后，方可进行施工图设计。根据我们设计所用的材料、加工技术、使用功能，做一个详细的大样图说明，以便形成具体的技术要求。设计大样图应明确地表现出技术上的施工要求，另外还要有怎样完成这个工程的一个详细的图纸。施工图的内容还包括水、电、暖专业协调，确立相关专业平面布局的位置、尺寸、标高及做法、要求，使之成为施工图设计的依据。（图2-41至图2-43为一组详图）

施工图设计阶段需要补充施工所必要的施工详图、设备管线图，编制施工说明和造价预算。对于施工图的要求，中华人民共和国建设部在2000年2月17日颁发的《建筑工程施工图设计文件审查暂行办法》中做了明确的规定和要求。其中第七条为关于施工图审查的主要内容：①建筑物的稳定性、安全性审查，包括地基基础和主体结构体系是否安全、可靠；②是否符合消防、节能、环保、抗震、卫生、人防等有关强制性标准、规范；③施工图是否达到规定的深度要求；④是否损害公众利益等。还有一些相关的规定，请参看《建筑工程施工图设计文件审查暂行办法》的通知（建设[2000]41号）。

（八）方案确定阶段

方案的确定是在设计准备阶段、构思阶段、初步设计阶段、方案深化阶段逐步完成的。施工图完成后，设计人员应向施工单位进行设计意图说明及图纸的技术交底。经过审核、校对、审定、设计、制图、描图等人员的签字，方案才算被确定下来，才能说明业主对方案的认可。

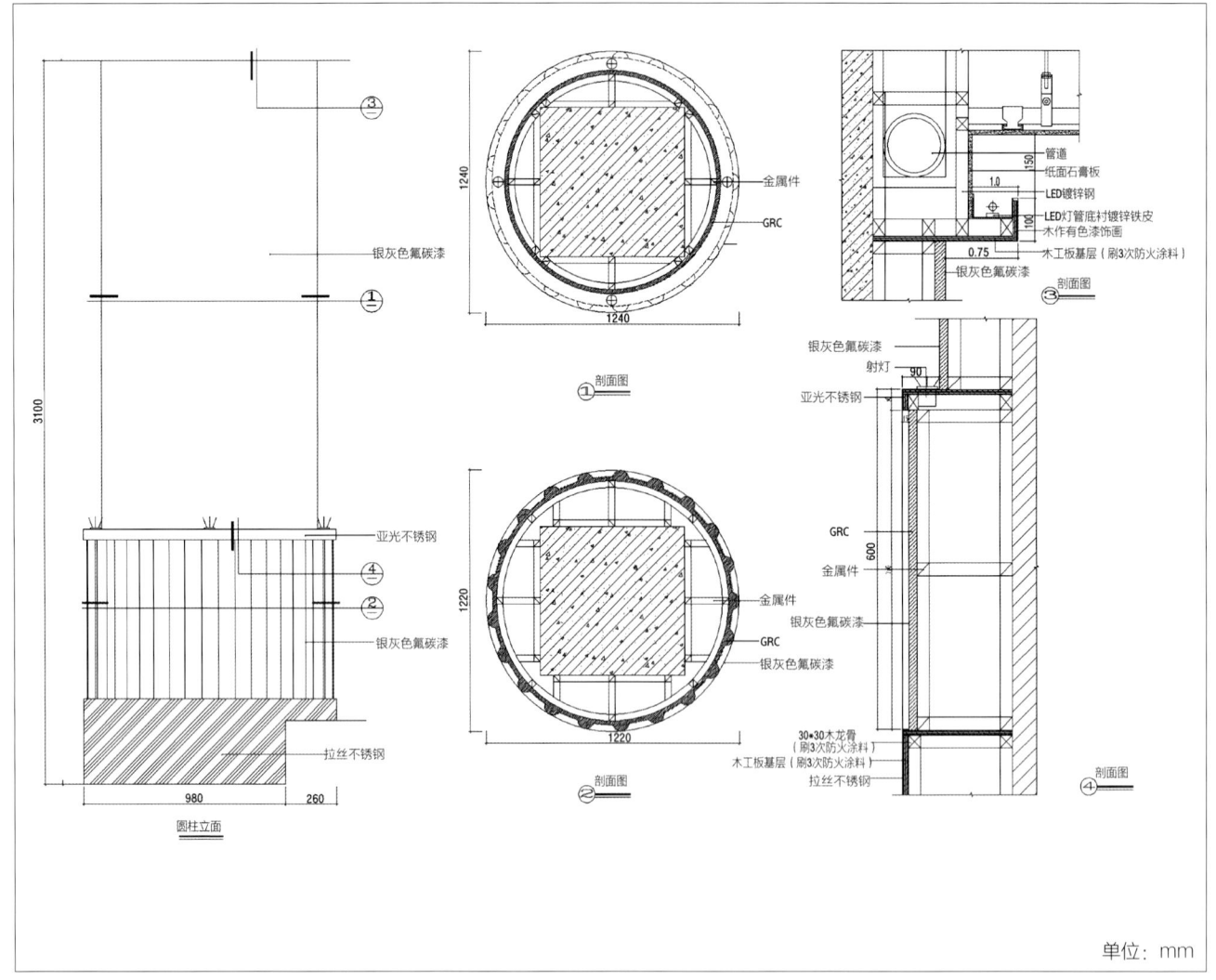

▲图2-41

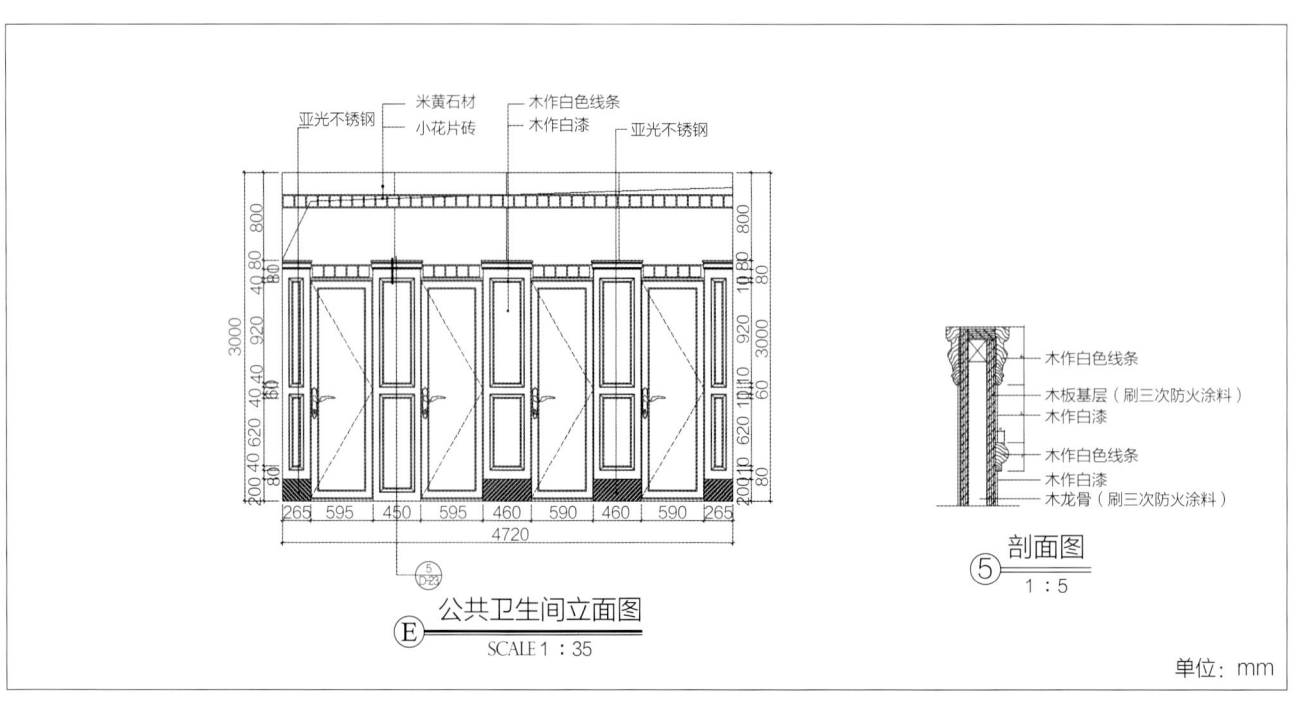

▲图2-42

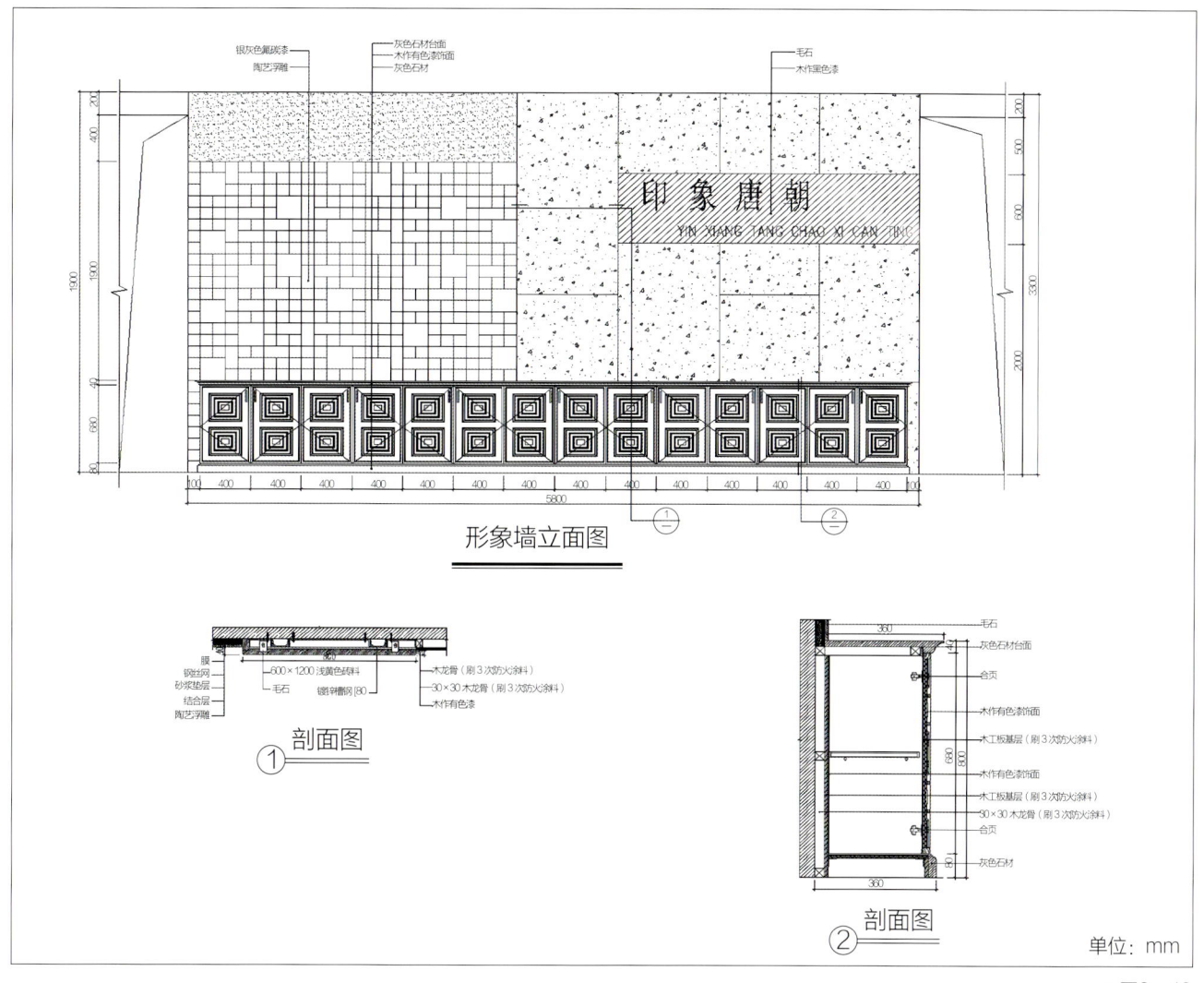

▲图2-43

四、施工图实施阶段

工程施工期间需按图纸要求核对施工实况，各专业须相互校对，经审核无误后，才能作为正式的施工依据。根据施工设计图，参照预定额来编制设计预算，对设计意图、特殊做法做出说明，对材料选用和施工质量等方面提出要求。为了使设计作品达到预期的效果，设计师还应参与施工的监理工作，协调好设计、施工、材料、设备等方面的关系，随时和施工单位、建设单位在设计意图上进行沟通，以便达成共识，让设计作品做到尽善尽美，取得理想的设计效果。

设计师在施工监理过程中的工作包括：监督施工方在用材、设备选用、施工质量方面的工作；完成设计图纸中未完成部分的构造做法；处理各专业设计在施工过程中的矛盾；局部设计的变更和修改；按阶段检查工作质量，并参加工程竣工验收工作。

五、单元教学导引

目标
本单元学习了餐厅空间设计的基本程序,要求学生了解作为一个餐厅空间设计工作者应该掌握的设计过程、应有的严谨的工作态度、严格的学习规范和要求。当一个设计任务交给学生的时候,他们能够知道自己该做什么、怎么做。因此这个单元的学习非常重要。

要求
1. 根据特定的设计目标对象提出自己的设计计划。
2. 根据特定的设计目标对象确立合理的空间概念。
3. 把握好自己的实施目标。

重点
这个单元实际上是一个设计流程的全过程的缩影,要想在这个单元里解决所有的问题是不可能的,只有在本课程中分段来解决,并把重点放在餐厅空间设计策划准备阶段、餐厅空间设计方案设计阶段。这个单元需用24学时的时间来完成。

注意事项提示
为避免盲目地进入设计,设计的前期准备非常重要。设计要有非常明确的目的性,不要无计划地进行设计。应根据特定的目标对象仔细分析餐厅空间设计的功能要求、流程计划、设计的定位等因素。

小结要点
1. 餐厅空间设计的策划准备阶段所要做的工作是否完成。
2. 餐厅空间设计方案设计阶段是否做得科学合理。

为学生提供的思考题:
1. 餐厅空间设计的基本程序包括哪几个方面?
2. 餐厅空间设计策划准备阶段应该有哪些工作?
3. 在餐厅空间方案设计阶段,我们应该考虑哪些重要因素?

学生课余时间的作业练习题:
1. 学习其他优秀餐厅的设计规划。
2. 提出本单元的设计理念。

为学生提示的本单元的参考书目及网站:
中国室内设计网 www.zgsnsjw.com.cn

单元作业命题:
餐厅空间设计初设方案及施工图的完成。

作业命题设计的缘由:
餐厅空间设计的初设方案,是在第一单元的基础上进行的。本单元进入设计初步阶段,让学生在设计中体会设计的快乐与艰难,最终达到解决问题的目的。施工图的开展要根据学生的进展情况来定,由于设计是一个连贯的过程,所以整个课题的完成要等到课程结束,但可以分时间或者分单元来完成。

命题设计的具体要求:
本单元要求学生通过设计方案体现自己的思想理念。设计方案要有合理的功能分区,有较为准确的尺度关系、造型与材料的关系,图纸的表达能满足施工的要求,最好要有自己的设计创新点。

作业安排的弹性空间:
要求把主题餐厅的设计安排在这个单元里来同时进行。

命题作业的实施方式:
1. 先由学生谈自己的设计方案及设计的理由、定位的理由。
2. 教师引导分析学生作品里设计得好的地方,指出调整和完善不足之处的方法。

作业规范与制作要求:
1. 先用草图的形式说明自己的设计方案。按1:50或1:100的比例来进行草图的练习。
2. 方案确定后平面图和天棚图按1:50或1:100的比例进行制图,立面图选择1:50,1:40,1:30,1:20的比例来制图,大样选择1:40,1:30,1:20,1:10,1:5的比例来制图。图纸的制图要求严格按照制图规范来完成。

单元作业小结要点:
1. 学生是否掌握了餐厅空间设计的内容。
2. 学生能不能把所学的知识综合运用在设计里。
3. 学生是否能较为清晰准确地表达自己的设计思想。
4. 学生的设计方案是否有正确的设计定位。
5. 设计方案制图是否规范。

第 3 教学单元

餐厅空间设计的方法

一、从思维的角度来谈餐厅设计的学习方法

二、从设计的角度来谈餐厅设计的学习方法

三、单元教学导引

一、从思维的角度来谈餐厅设计的学习方法

我在教学的过程中，发现很多学生思维非常活跃，也很有自己的想法，恨不得把所学的东西全部用上。在上餐厅空间设计课的时候，有个同学在大厅的正门设计了一个非常醒目的"卫生间由此去"的标识。我问他为什么要这样设计，他说他出门最怕的就是找不到卫生间。还有一个同学的设计是通过厨房再到雅间，我告诉他人流安排有些不妥，他说吃饭最怕的就是不卫生，希望大家都能看到厨房的卫生情况。姑且不论这些想法对不对，但至少提出了问题，需要我们来思考。我们应该怎样来解决这些问题，如何来进行合理安排和处理，这就需要解决思维的学习方法问题。

（一）学习观察生活和体验生活的思维方法

作为餐厅空间设计的工作者，应该细心观察和体验生活，在观察中学习，在体验中学会思考。无法想象没有到过餐厅的人能够从事餐厅空间设计工作，没有亲自体验餐厅环境的人能够了解客人的需求，没有到过厨房的人能够知道厨房的流程和功能。只有大量地、深入细致地观察和体验，才能掌握第一手资料，并以此作为自己和他人交流和研究的基础。

（二）提出问题的思维方法

设计是以问题为导向的研究性工作，有价值的问题不会让我们盲目地、没有目标地进行设计。在繁华的都市，在疲劳的工作、拥挤的交通、淡漠的情感、紧张的生活、快节奏的时代里，人们为什么去我们设计的餐厅里吃饭（设计的理由）？他们如何吃饭（就餐的行为）？他们需要什么样的餐厅（设计的定位）？我们能够为他们提供什么（寻求融合）？这些都是我们需要寻求的答案。只有不断地提出问题，才有可能推翻自己一些不成熟的想法，让自己的设计更具有客观性和合理性。

（三）角色互换的思维方法

角色互换有利于我们达到"处处为他人着想"的最高境界。站在顾客的角度提出：如果我是顾客，我去餐厅想购买什么？是产品的质量，还是环境，还是服务？我花这么多钱消费是否值得等一系列的问题。反过来，站在企业一边又会提出：如果我是业主，我要卖出的产品是什么？怎么卖出？卖给什么人群？成本和回报的时间？企业将来如何可持续地发展等。如果我是员工，我需要什么样的工作环境？什么样的工作条件？工资待遇是多少？企业是否能给我发展的机会？设计工作者只有设身处地地去为他人着想，自己的设计工作才能获得尊重和信任，设计的作品才能得到大家的认可。我曾经在做一个设计的时候，感到压力很大，担心做不好，但业主只说了一句很简单但发人思考的话："只要认真做就能做好。"

（四）分析和研究问题的思维方法

我们面对一大堆的问题，有了一大堆的思考，也关注了众多的社会问题。只有经过多次的分析和研究，才能总结出许多新的设计原则，找到符合实际情况的设计理念，我们的设计作品才有生命力和说服力，才能与时俱进地面对多变而发展的餐饮业。

二、从设计的角度来谈餐厅设计的学习方法

（一）餐厅空间设计的构成要素

餐厅空间设计的构成要素包括三个方面，即设计中构成要素的设计方法、餐厅设计的表现形式、餐厅的设计风格。

1. 点的构成要素

在餐厅空间里，点的大小是相对的。点是针对其他物体来看相对小的物体，在空间里常常作为点缀而格外引人注目。点通常出现在视觉的中心。在餐厅设计中，我们是通过一定的物质手段来表现我们的设计思想的，所以在很多情况下，点的出现可能是材质、色彩、形状、大小等不同的形式。（图3-1至图3-6为一组点的要素）

第三教学单元 餐厅空间设计的方法 | 49

▶图3-1 EAT Shop Drink: HAKUHODO

▲图3-2 会所设计：武汉畅响会所

▲图3-3 东方盛宴：客家艳公益店

▲图3-4 海外特色餐厅：瑞士小尾湖餐厅

▲图3-5 日本大师智造：TSUJITA LA餐厅 ▲图3-6 海外特色餐厅：Nevy餐厅

2. 线的构成要素

线在餐厅空间里，具有连续和引导的作用，也是我们设计的重要手段之一。线所表达的情感内涵也很丰富。

线体现的是简洁、明快、直率的性格特征，线可以是水平线，给人平和感与安全感；可以是表现庄严的垂直线，表达坚强的情感内涵；可以是不稳定的斜线，常常用在快餐厅的设计里，给人带来活力和运动感受；也可以是流动的曲线，富有变化，产生幽雅、轻柔的韵律感。（图3-7至图3-11）

3. 面的构成要素

面在餐厅空间设计里非常重要。空间的特征是由面的形式来界定的，它包括了界面、尺度、材质、色彩的属性以及它们之间的关系。面的表现形式非常丰富，所构成的形式语言也是多种多样的。

▲图3-7 东方盛宴：大渔铁板烧惠州华贸店

▲图3-8 咖啡馆和餐厅：大树餐厅

▲图3-9 海外特色餐厅：玛莉索餐厅

▲图3-10 海外特色餐厅：鲁比克餐厅

▲图3-11 会所设计：武汉畅响会所

（二）设计中构成要素的设计方法

餐厅空间是一个由多个空间组合而成的综合空间形态。相对独立空间的存在是依靠界面来进行分割的。界面设计对室内环境的创造，直接影响到空间的氛围和经营管理。如何把单个空间形态有机地结合起来，是餐厅空间设计需要落实和深化的步骤。界面设计是餐厅空间设计的重要内容，界面是由各种实体围合和限定的，包括顶棚、地面、墙体和隔断分割的空间。

1. 餐厅顶棚界面设计方法

顶棚界定餐厅空间层高，不同的层高影响着空间的不同形态以及相互之间的关系。顶棚还可以把许许多多凌乱的空间联系起来，形成整体的格局。对顶棚界面的学习我们除了掌握投影的方法（制图课解决）外，还要知道餐厅空间设计里顶棚界面的内容和表达方法（制图课解决）。

顶棚界面的内容——在顶棚界面设计中，有诸多的因素需要考虑，包括顶棚的照明系统、报警系统、消防系统等。除了解决技术性的问题外，不能忽视顶棚界面的高度，因为它带给人们的心理感受是不同的。

照明系统（这里指人工照明系统）是为了保证餐厅内有足够的亮度。在设计中我们常常利用人工照明的手段，来满足使用和审美的要求。顶棚设计就应该有明确的照明布置图，即用什么方式照明，包括用什么灯具、灯具安装的详图、照度是多大、灯具的距离是多少、是直接照射还是间接照明、照明的详细电路图（强电系统图和弱电系统图）等。除了以上的设计外，还要有解决冷暖问题的暖通系统图、解决安全问题的消防系统图、解决应急措施的报警系统图等。在餐厅空间中，由于功能的不同和人心理的不同需求，人工照明技术的方法是多样的。现在照明系统也日趋完善，下面介绍几种给人心理带来不同感受的顶棚。

利用自然采光的顶棚界面——生态空间已成为当前室内空间学研究的热点。餐厅空间里也引进了生态学的内容，目的在于如何把自然的因素还给人们。利用自然采光的顶棚，不仅可以让室内享受到阳光，同时也能节约能源，让空间更通透，更明亮，这样既为人类创造了舒适优美的就餐环境，也最大限度地减少了污染，保持了生态平衡。（图3-12至图3-14）

▲图3-12 主题餐厅：Fabbrica车厢餐厅／挪威卑尔根市

▲图3-13 开放式餐厅：费奇&舒伊酒吧餐厅

▲图3-14 BARSRRESTAURANTS：EVO Restaunant／巴塞罗那

▲图3-15 海外特色餐厅：杰米的意大利餐厅

▲图3-16 竹材建筑与设计集成：竹亭Zeri

利用原有结构而形成的顶棚界面——原有结构保留在餐厅空间，是为了给那些追求自然、朴实风格的人们保留一份空间情感。有的喜欢修建时留下的斑斑痕迹，有的钟爱朴实无华的木质本色，有的喜欢自然的竹质结构……这样既不破坏原有结构，又增加了变化。（图3-15至图3-17）

利用灯具造型而形成的顶棚界面——灯具就像神奇的魔术师，在顶棚中发挥作用。它不仅解决照明问题，而且可以变换出不同的色彩，带给人们惊奇和不一样的感受。有的像天上的繁星，有的像太空飞船，有的像华丽的水晶，有的像天上的月亮，有的像流星雨，有的像闪电……正是这些不同的灯具给顶棚界面带来了多姿多彩的造型，把人们引向变幻无穷的境界。（图3-18、图3-19）

▲图3-17 主题餐厅：Llucaness光影餐厅

▲图3-18 咖啡馆和餐厅：卡塔尔Tse Yang中餐厅

▲图3-19 咖啡馆和餐厅：Jandin de Jade餐厅／杭州

第三教学单元 餐厅空间设计的方法 | 57

▲图3-20 竹林：巴拉哈斯机场4号航站楼
（建筑师 Richard Roger 与 Carlos Lamela 合作，选取竹材建造巴拉哈斯机场）

▲图3-21 主题餐厅：Innuendo 餐厅／美国纽约

▲图3-22 咖啡馆和餐厅：What Happens When 餐厅

利用体量落差而形成的顶棚界面——有的空间为了寻求一种压抑感而利用了体量变化表现形式，把人们的心理空间和情绪收敛到最小，迫使这种情绪随空间引导而不断延伸。比如表现一些科幻题材的餐厅空间，对未来餐饮的联想就运用了体量落差的顶棚界面形式。（图3-20、图3-21）

利用织物而形成的顶棚界面——织物在空间里常常被用于丰富顶棚界面，同时织物具有亲和力，在餐厅空间里具有另一种情调。(图3-22)

模仿自然而形成的顶棚界面——在餐厅空间里，由于一些特殊的情感表达，需要再现自然的风格。（图3-23）

▲图3-23 咖啡馆和餐厅：Blub Lounge 俱乐部

▲图3-24 日本餐饮空间：HAIKU 寿司店

2. 餐厅地面界面的设计方法

学习地面界面设计的时候我们必须掌握餐厅设计地面界面的表达方法（制图课解决）、地面界面的内容、地面界面的常规画法和图例符号（制图课解决）。

餐厅空间地面界面设计的内容。地面界面承载着餐厅空间里绝大多数的内容，要解决餐厅平面的形状、大小、设施和几个通道具体的位置、陈设以及绿化的计划、人流通道、家具、设备等问题，它包含了人们的一切就餐、生产和管理活动。通过地面界面的设计还可以改变人们的空间概念，影响人们的行为方式，从而建立起空间的秩序、流程和主从关系。所以地面界面是设计工作中极为重要的内容，成功的设计是既能满足技术上的要求，又能满足人们心理所需要的艺术。另外，餐厅空间设计的平面图必须提供准确的数据、要求，有完善的定位图、施工放线图，以确保施工的准确性和计划性。

3. 餐厅墙体界面的设计方法

人们从进入餐厅空间起，其行为就被不同的界面所界定。墙体作为空间里垂直的界面形式，在餐厅空间里起着重要作用，可利用墙体界面来进行空间的分隔与联系。分隔方式决定空间彼此之间的联系程度，同时也可以创造出不同的感受、情趣和意境，从而影响着人们的情绪。餐厅空间墙体界面设计有多种方法，作为一个设计师应该好好地把握墙体界面的设计语言。墙体界面的设计方法包括：餐厅空间墙体的表达方法、家具陈设的立面表达方法、装饰造型的表达方法、装饰材料的表达方法。

餐厅空间墙体的表达方法是多种多样的，可根据餐厅空间的要求和心理空间的要求来选择和利用。可以是固定空间（通过墙体来形成不变的空间元素，如厨房、卫生间等）和可变空间（通过灵活的分隔来改变空间元素，如屏风、植物、折叠等）；可以是静态空间（相对独立，如雅座区、包间区等）和动态空间（相对宽敞的空间，在处理方法上常常用曲线来表现，如流动的水晶、变幻的光线等）；可以是行为空间（以人体工程学来界定墙体的物理空间，如凉菜空间、卫生间等）和视知觉空间（通过视觉来感受空间的界定，如通过灯光来界定、通过呼吸来体验）。（图3-24至图3-29）

第三教学单元 餐厅空间设计的方法 | 59

◀图3-25 日本大师智造：大初面食馆／中国台湾

▲图3-26 设计速递会所设计：Club Aria

▲图3-27 设计速递：武汉畅响会所

▲图3-28 日本大师智造：涉谷 KICHIRI 酒馆

▲图3-29 海外特色餐厅：鲳参鱼餐厅

下面介绍几种餐厅空间墙体界面的表现方法：

运用列柱形成界面来分隔空间。空间里的柱式不仅起到承担负荷的作用，还能用柱子的排列来分隔空间，形成界面。列柱在建筑空间历史上写下了自己辉煌的一页。它从简单的柱廊发展为欧洲建筑最根本的形式，也成为欧洲建筑最重要的标志。如梵蒂冈教堂两边向外伸展的列柱，雅典卫城的柱式标志着希腊风格的成熟。其主要特征是矩形建筑绕以开敞的列柱围廊和列柱形式的定型化。中式风格的列柱形成的回廊，其柱式的材质主要是木质结构，对中式建筑风格的形成起到了重要的作用。(图3-30)

运用墙体形成界面来分隔空间。墙体作为空间的界面，是组成空间的重要要素之一，也是空间划分的重要手段，还起到联系天棚和地面的作用。由于墙面是直面，对人们的视觉往往产生强大的冲击力，故在设计时显得尤其重要。墙面是展示空间风格的平台，所以墙面的风格和形式也有不同的表现手段。

弧形的墙体界面在空间里产生一种导向感，诱导人们沿着空间的轴线方向运动。弧形墙面还能改变人们的心理活动，使心情变得平和与恬静，因而它常常用于幽雅而温馨的餐厅空间。(图3-31)

直线的墙体界面在空间里有简洁、明快的视觉效果，不仅便于人流线路的畅通，同时对采光和通风都起到很大

▲图3-30 主题餐厅：伊斯坦布尔餐厅／土耳其伊斯坦布尔

▲图3-31 东方盛宴：聘珍楼青岛店

的作用。在餐厅空间里，直线的墙体更多的是运用在快餐、大排档等餐厅，在方便管理的同时又能让人们便捷地享受到餐饮服务。（图3-32）

曲线的墙体界面在空间里是最灵活自由的界面形式，可以随心所欲地分隔空间。在曲线的墙体界面中，人们可以感受到空间的活力。曲线形成的多个空间，在丰富空间界面的同时，还可以改变人们的心情。（图3-33）

▲图3-32 设计速递会所设计：新疆南山会所

▲图3-33 主题餐厅：迪拜变换餐厅／阿联酋迪拜

4. 餐厅光环境设计方法

人类利用光的历史经历了漫长而艰难的历程，从简单地满足人们照明的基本要求，发展成为今天满足人们精神追求的具有艺术感染力的光环境。为了优化光在环境里的设计，设计师应该了解光在环境设计里的作用和设计方法。光环境的设计就是利用光的要素来营造和烘托出餐厅空间的环境氛围。光环境分为自然光环境和人造光环境两种，光在餐厅空间环境里是重要的设计要素。

① 自然光环境的设计方法。自然光环境设计是利用自然光源来营造餐厅空间。如何借用自然的光线，把大自然还给人们，是设计师应该研究的一个重要课题。今天，随着餐厅文化的日益现代化，人们对工业化带来的人工环境开始厌倦，更渴望大自然所赐给人们的最好的礼物——阳光、空气。充分利用自然光，创造良好的光环境和节约能源，保持跟大自然的亲近和接触，这是人造光所不能达到的。人们不仅仅喜欢阳光的温暖，更钟爱自然光所形成的光和影。从早晨到夜晚、从春夏到秋冬，变幻无穷的光影，为人们带来了数不尽的魅力和动感，活跃的光振奋人的精神，使我们在心理上感到满足。

玻璃的运用——大片玻璃把自然光引入餐厅空间，可以使人们的视野开阔。美国佛罗里达州一位光设计师路易斯·康曾经说过这样一段话："建造一间房子，为它开上窗，让阳光进来，于是，这片阳光就属于你了。你建造房屋就是为了拥有这片阳光，这是多美的一件事呀！"可见在餐厅空间里拥有一片自然光环境是形成意境的极好手段。

利用开窗——窗户造型可重塑自然光的形象，不同形状的侧窗引进的光线会呈现出不同的效果。自然光线随着天气的变化，使室内产生变化万千的光影效果，极具感染力，同时也给人不同的感受。长条形的光影感觉悠远，点状的光影产生斑斓、灿烂的感觉，窗上的构件和窗花会像剪纸一样印在空间里。在室内烘托出神奇的光照变化，展现出自然光在餐厅空间里的魅力。（图3-34至图3-38）

▲图3-34 主题餐厅：巴林Nu Asia餐厅／中国北京

▲图3-35 咖啡馆和餐厅：Lapiaz餐厅

▲图3-36 顶级新酒店：音乐学院酒店

▲图3-37 海外特色餐厅：玛莉索餐厅 　　▲图3-38 主题餐厅：KOOK公寓餐厅／意大利罗马

② 人造光环境的设计方法。人造光环境设计是利用人工的光源去营造餐厅空间的文化氛围。人工光环境较自然光环境易于控制，能适应各种特殊需要，而且稳定可靠，不受地点、季节、时间和天气条件的限制。创造具有个性的餐厅空间，人造光环境无疑要有自己的特点。下面介绍几种人造光环境的作用：

人造光对空间的界定是空间分隔的手段之一，是利用光对空间的界定作用而营造出许许多多有很强震撼力的心理空间。如把光束停留在某个地方，把空间从大空间里界定出来，形成有一定范围的小空间，从而起到突出和界定空间的作用。

人造光对空间具有渲染气氛的作用。人造光环境最大的魅力，就是可以充分发挥光的灵活性，着力追求用环境光来渲染，展现出光照典雅、气势宏伟、绚丽多姿的餐厅空间，创造出有意境的空间环境，使人的视觉沉浸在一种空间带来的震撼感里。在设计中我们可以通过光的投射、强调、映衬、明暗对比等方法，渲染环境气氛。人造光可以模仿自然光的效果，表现幽深的大海、神秘刺激的探险、电闪雷鸣的刺激、幽雅美好的温馨。这些气氛对人们的心理状态会产生影响，撩起人们的情感，所以光对人们

▲图3-39 咖啡馆和餐厅：KONOBA 餐厅

▲图3-40 顶级新酒店：圣地亚哥W酒店

▲图3-41 设计速递会所设计：Club Aria

▲图3-42 顶级新酒店

的心理能起到巨大的影响。（图3-39至图3-42）

5. 餐厅景观的设计方法

景观设计的介入能为餐厅空间注入新的概念和活力。餐厅景观设计是将室外的自然景物直接引入室内或通过借景的方式引入室内而形成室内庭院和室内景园，为餐厅空间创造一种完美的室内生态环境，以提高餐厅空间环境的舒适感，让人们享受大自然的气息，感受回归自然的惬意。景观在餐厅空间设计中的表现形式有：

① 水景在餐厅空间里的运用。人们总是在有水的地方建立起自己的家园，创造着自己的环境。水永远是给城市生活带来无限生机的，它体现着人对自然的依赖。水景在餐厅空间里的构成形式有点构成的喷泉、线构成的瀑布、面构成的水池。（图3-43）

▲图3-43 东方盛宴：轻井泽台湾汉口店／中国台湾台中

② 绿化在餐厅空间里的运用。把花草、植物作为景观引入餐厅空间已成为时尚。植物不仅可以取悦人们，也可以调节人们的生理机能，同时还能改善气候，保持生态平衡以及起到其他的物理和生化作用。各种各样的绿化丰富着我们的环境，各种植物造型形成的不同景观，美化着我们的环境。植物四季轮回变换着形象，赋予我们的餐厅空间不同的容貌和性格。春季的蓬勃生机，给人焕然一新，充满无限生机之感；夏季枝繁叶茂，生机勃勃，起到消暑降温的作用；秋天硕果累累，给人以收获的惊喜；冬季室外寒风瑟瑟，室内叶绿花开，给人以春天的感觉。翡翠般的绿色枝叶装饰，可以柔化空间，使空间充满生气。植物在空间里的作用不仅仅是能够净化空气，调节气温，还可以引导空间和组织空间。利用植物来分隔空间，形成不同的区域划分，让人们在空间里体味自然，把心贴近自然。绿化在餐厅空间设计的形式上表现为突出空间的重点、分隔空间、引导空间三个方面。（图3-44）

③ 装饰小品在餐厅空间里的设计方法。在环境气氛的处理上，装饰小品可起到点缀空间的作用，在平衡布局、协调色彩、活跃气氛、调节人们心理方面也都会收到很好的效果。

运用字画点缀空间。字画是文化品位的代表。如具有文人风采的中国画，常用于传统文化氛围很浓的餐厅空间；古典油画雍容华贵，多用于西式风格的餐厅空间；装饰画富有现代气息，常用于具有时代感的餐厅空间，如快餐店等。字画与餐厅空间相互辉映，让人们对餐饮的理解提升到文化的高度。（图3-45a、图3-45b）

运用雕塑点缀空间。不管是抽象雕塑还是具象雕塑，往往都有一个明确的主题思想，在餐厅空间里很容易形成文化的亮点，反映文化的主题，因此设计师常用它来点缀空间。（图3-46）

▲图3-44 咖啡馆和餐厅：OCA餐厅

▲图3-45a 海外特色餐厅：新月日式餐厅

▲图3-46 茶楼——中国式休闲：静茶坊/福州排尾路世贸外滩

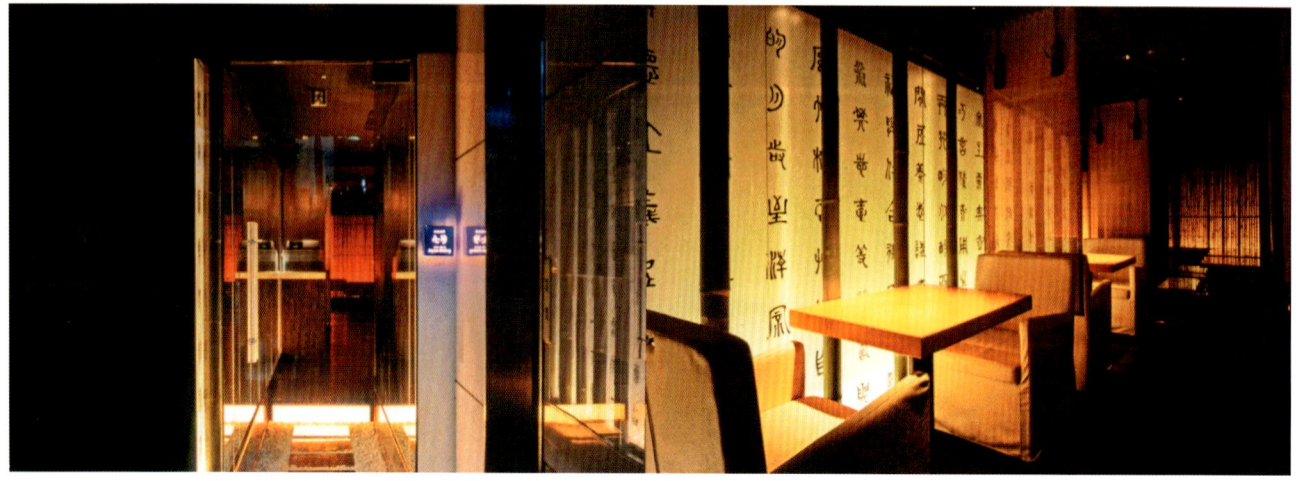

▲图3-45b 海外特色餐厅：新月日式餐厅

▲图3－47 欧洲精品酒店：克拉丽丝酒店／西班牙巴塞罗那　　　　　▲图3－48 日本大师智造：大初面食馆

运用瓶花盆栽点缀空间。独特风格的瓶花和盆栽，可以增添空间的情趣和雅致。在空间里适合用于细节处，如花架上的盆栽、窗台上的瓶花、书架上的小植物都会使空间更加精美和完善。（图3－47）

运用陈列观赏品点缀空间。陈列观赏品的品种很多，物品的大小也不同，都能不同程度地在餐厅空间里增添艺术的品位，形成一个个景点，让空间焕发出不同光彩。（图3－48）

6. 展示表现多维设计的餐厅表现方法

餐厅空间作为一个公共场所，不仅是经营和销售餐饮产品，同时也是在经营一种文化。它所涉及的是一个立体的空间概念，包含了平面二维的空间设计、三维空间设计、四维空间设计等多方面的内容。下面就从这三个方面来阐述。

餐厅设计的二维表现方法，是指餐厅空间的平面布局和空间区域功能的划分，其内容包括人们的用餐方式、人流的通道、消防通道、公共空间、私密空间、景点的设置等。合理的二维设计是餐厅产品的种类、数量，服务流程，经营管理，顾客的饥饿消费心理、购买习惯与餐厅空间本身的面积大小、地形、地貌、风俗习惯有机的结合，形成可以量化的平面布局。

餐厅设计的三维表现方法，是一个立体化的概念，即通过立体化空间的再创造，使消费者身临其境，感受到浓厚的文化气息。这种文化的陶冶来自不同材料的表达，恰当适宜的色彩、造型各异的图案、具有神奇魅力的灯光，再加上不同体量的组合、空间界面的划分、形成一个个立体化的餐厅空间环境，创造出一个让消费者在视觉与触觉上都能有轻松感和舒适感的环境。

餐厅设计的四维表现方法，是指餐厅的动感设计。随着人们对餐厅空间的要求不断提高，静止的空间环境已不再能满足人们对餐厅空间格局的要求。因此我们所表达的文化理念应具有情趣性、流动性的特点，运用动感的设计打破静止不变的空间状态，使场景更加活跃，让就餐环境显得轻松有趣，从而调动消费者的情绪，激发他们购买的热情。四维空间的设计可以为顾客带来一种全新的感受。

7. 餐厅空间设计元素的运用

餐厅空间设计是由诸多元素组成的一门学科，而元素就是对餐厅空间进行文化形态分解的符号，各种不同的元素组合构成了整个空间。通过分解这些元素，我们可以更深入地把握、了解、处理、研究设计的有效方法，准确地掌握餐厅空间设计的理念。

餐厅空间设计包括天棚、地面、柱式、门、窗、屏风隔断、楼梯等基本元素。在前面已对天棚、地面、柱式做了论述，所以这一节将就门、窗、屏风隔断、楼梯做进一步的论述。

餐厅空间设计里门的元素——门在空间里承担着流通的职责。门搭起了空间与空间之间的联系，是人流疏散过渡和物品流通的通道。门在不同的空间里起着不同的作用，尺寸的要求也全然不同，同时门也是空间构成的重要元素。

餐厅的大门设计，体量要大，因为它承担着整个空间的人流，同时又是整个空间的第一入口，所以很多的大门入口往往体现了一种精神。有的为了追寻一种传统的文化精神，夸大门的体量，这时门的元素就不仅是单纯的通道，而是一种精神的象征。门套与门总是相连的，门套的元素往往因文化的不同、空间要求的不同发生变化，有简洁、明快、厚重、华贵等不同风格。为了表达欧式门的古典与豪华，门套被设计成繁杂的欧式挂件；为了体现现代文化的空间，应运用简洁的门套，材料也应换成高科技的材质。

室内的门主要是以满足使用功能为主要目的。不同的功能有不同的要求，如电梯间的门要求简洁，便于人流的疏散；包间的门套及门的样式也根据不同的风格而有不同的造型；消防通道的门要求更快、更方便地输送人流……

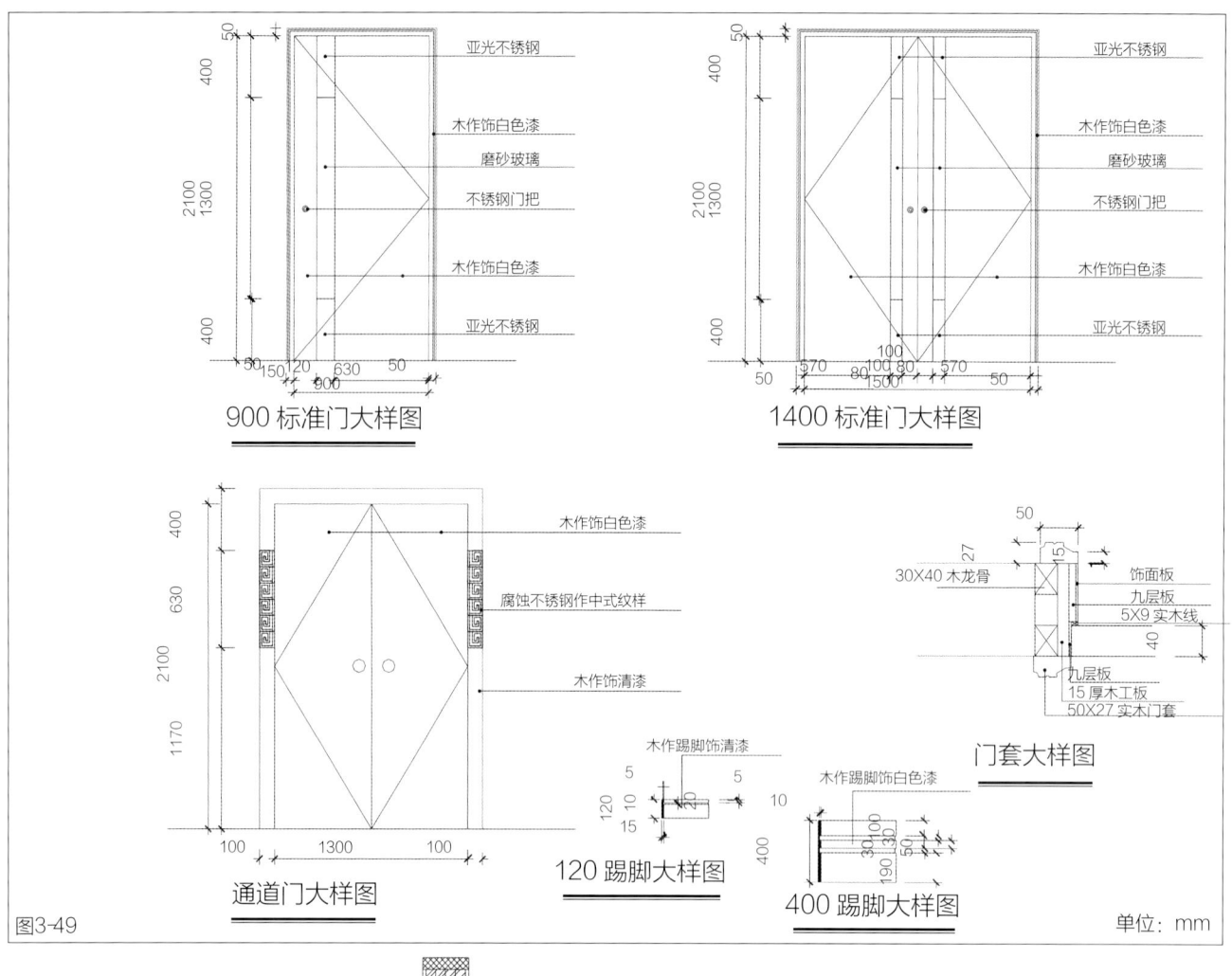

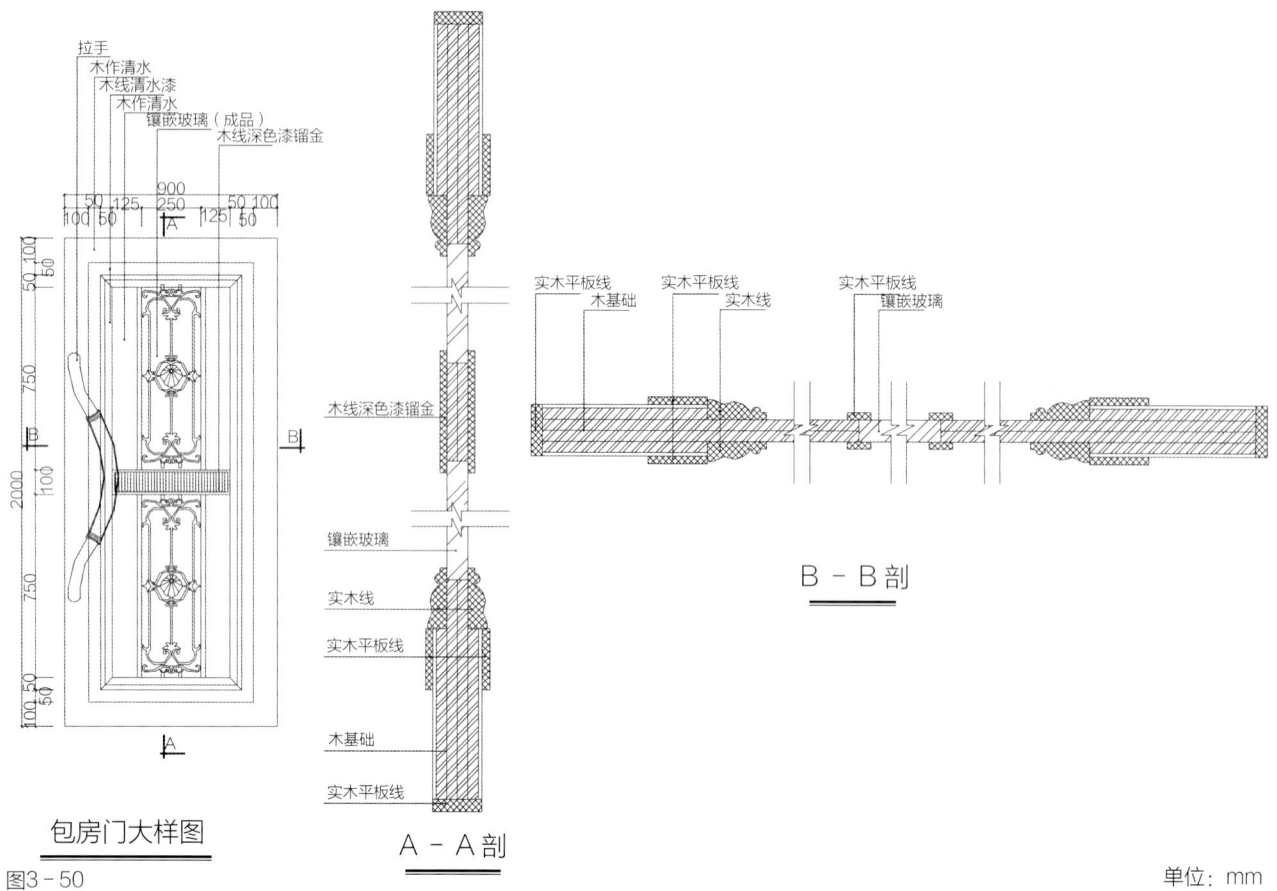

▲ 图3-49、图3-50　一组门的造型（成都市卓引建筑装饰设计有限责任公司）

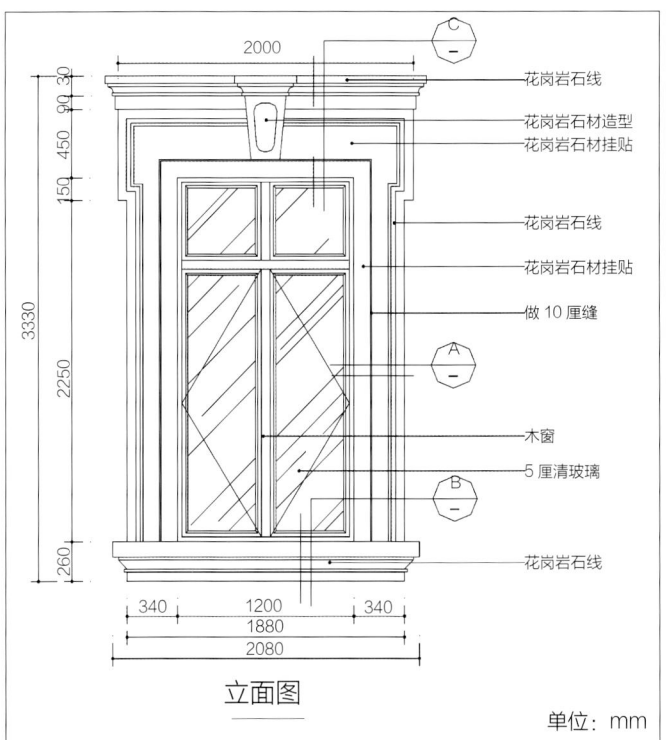

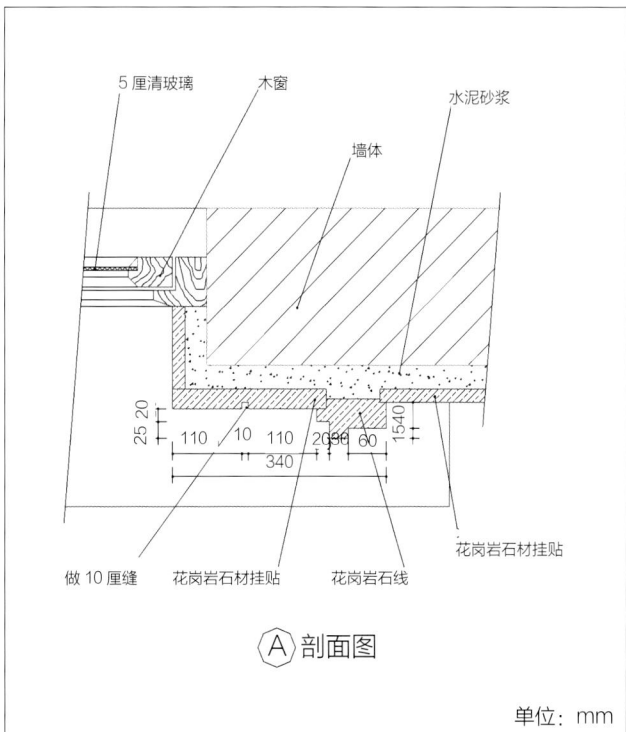

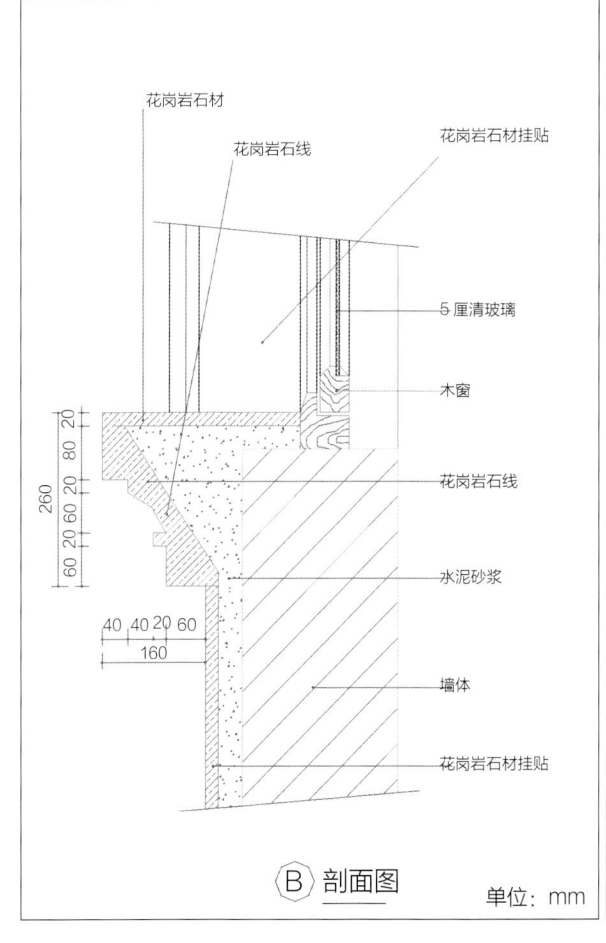

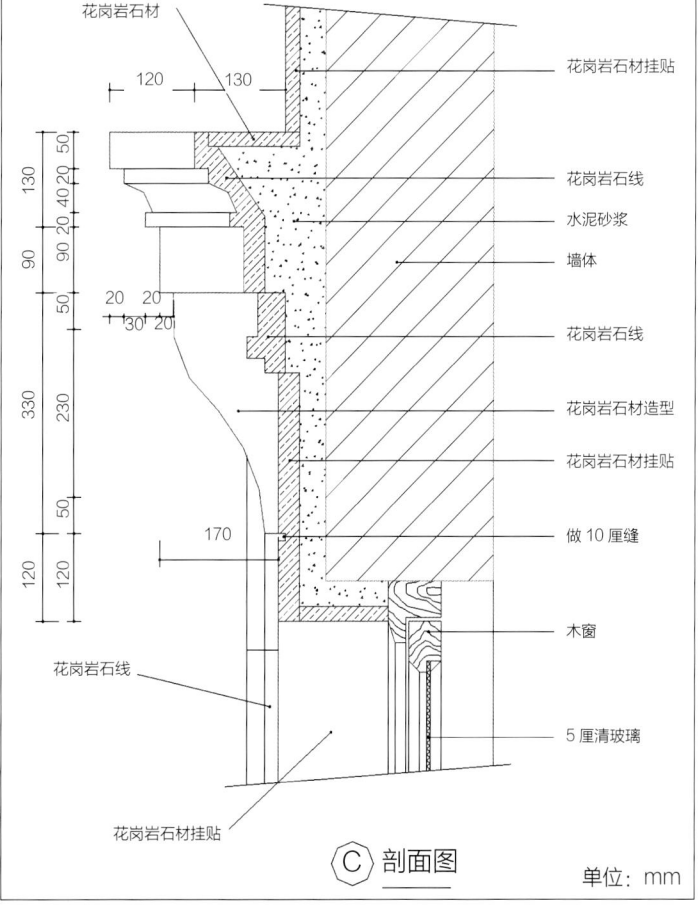

▲图3-51 窗的构造（来自《CAD室内设计施工图常用图块》）

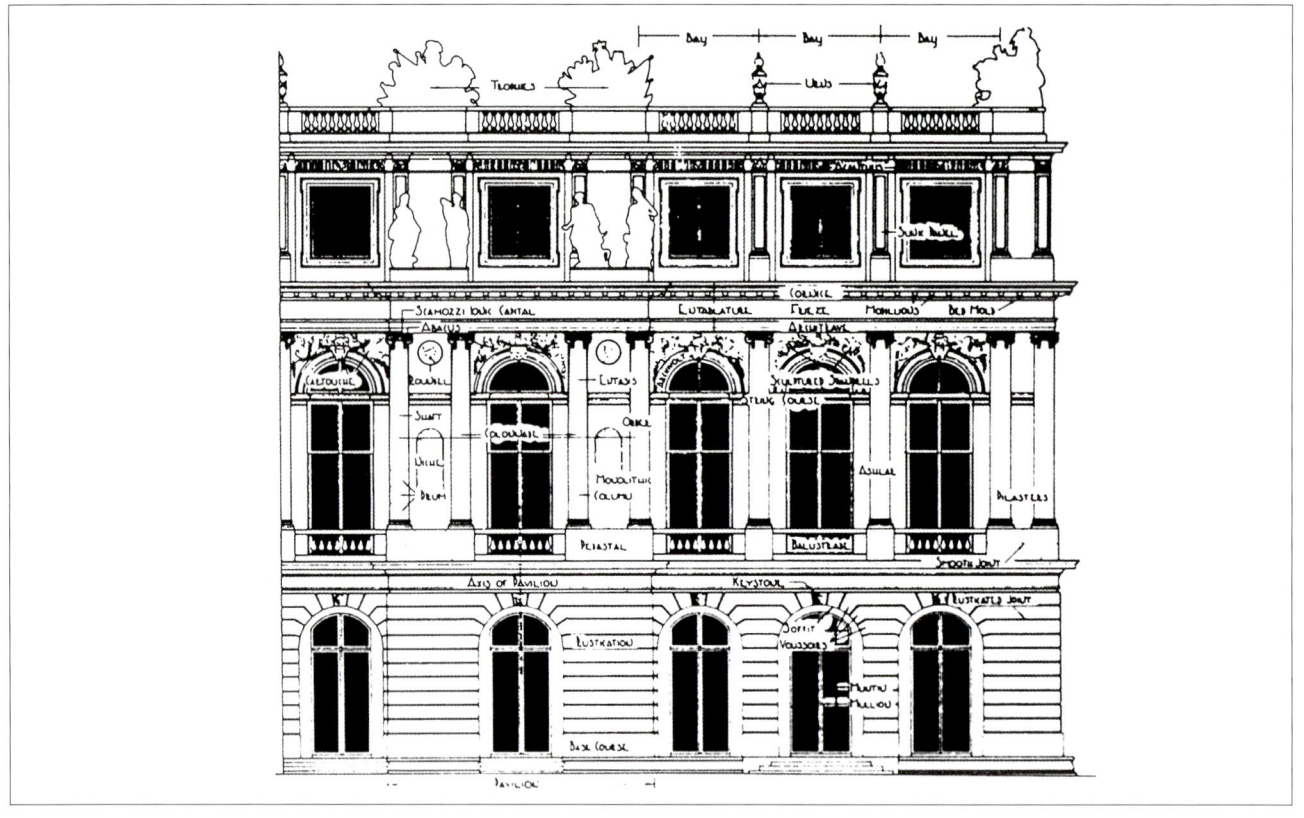

▲图3-52 窗元素也有不同的风格

门的构造形式有单扇和双扇推拉门、电动门，单扇和双扇平开门、地弹门等。（图3-49、图3-50）

餐厅空间设计里窗的元素——窗的作用是为餐厅空间提供外部环境的阳光和空气，保持与环境的联系。窗的大小尺寸与风格和地理环境有关。窗的样式也与文化风格有关。在餐厅空间里，窗是很重要的设计元素。（图3-51、图3-52）

餐厅空间设计里屏风隔断元素——屏风在空间里可以起到美化作用，它能把空间分隔开来，丰富设计元素的语言，隔出美丽的环境，增添艺术氛围。高大的屏风使空间更加独立，低矮的屏风让空间更具诱惑力，通透的屏风可以达到借景的效果，镂空的屏风若隐若现，可以增添空间的柔和优美感。

餐厅空间设计里楼梯元素——楼梯元素在空间里起垂直交通的作用，承载着人与物空间的提升。上下空间依靠楼梯元素进行连接，让人们从一个空间走向另一个空间。楼梯的形式是多样化的，但都必须满足功能的要求，满足人们上下流动的使用需要，满足人体功能的需要。踏步的大小与高度都有一定的比例和尺度，才能达到通行的要求。楼梯大致可以分为直梯、弧形梯、旋梯三种形式。（图3-53至图3-57）

▲图3-53 茶楼——中国式休闲：静茶坊

▲图3－54 海外特色餐厅：国民餐厅／美国纽约

▲图3－55 茶楼——中国式休闲：吉品江

▲图3－56 设计速递CLUB：CLUB Aria

▲图3－57 欧洲精品酒店：奥古斯汀酒店／捷克布拉格

8. 餐厅空间里的材料元素设计方法

材质在空间的渲染中起着重要作用，质感不同的材料其效果有很大的差异。材质的多元化丰富了设计语言，创造了不同的文化感受。在创造空间时，需要大量的材料来实现我们的设想，因而对材质的处理和选用十分考究，有的强调材质的肌理，表现材质的自然属性；有的体现原始的自然材质，不进行加工处理，如表露水泥的粗糙、原木的纹理等。石材质地坚硬且厚实，沉着中透露出丰富的色彩变化，搭衬浑然天成的细腻纹理，颇能展现华丽及稳重的气派质感；金属材质表面光滑，反射性强，从材质里透露出金属的光芒，让空间得到延伸；木材的纹理可谓变化万千，不同的材质带给人不同的文化感受，不同的加工有不同的肌理，不同的组合呈现不同的品位，木材给人总的感觉是朴实、自然；玻璃的界面在地面的处理上可以形成一个虚幻的空间感受，让空间在虚实结合里尽显其完美。人们对不同材质的肌理会产生不同的心理反应，所以设计师对材料的运用十分重视，同时材料商也在不断地开发和研究新的材料，使材料得到不断的更新和发展。

9. 餐厅空间里陈设品设计方法

一方面餐厅空间陈设设计的好坏关系到空间的性格品质。陈设品的范围很广泛，包括设施、工艺品、观赏植物等。陈设设计要根据不同的类型和环境的功能要求，创造出富有特色的餐厅环境。设计应该注意与整个餐厅空间相协调，达到强化主题、升华人们心灵的目的。另一方面，陈设品为表达餐厅空间的主题内容起到画龙点睛的作用。陈设品的内容和形式不是一成不变的，对烘托某种特定的环境具有重要作用。

宴会厅的陈设品在餐厅空间里的运用。宴会厅是举办各种宴会、鸡尾酒会、大小型会议的商务和文化交流的餐厅空间，是人们交流情感，让不同的意见达成共识的调和空间，因而在室内的陈设设计上一定要讲究，体现富丽、华贵、亲切的文化情感。

中餐厅的陈设品在餐厅空间里的运用。中式餐厅体现的是中国源远流长的文化品位，注重用餐的情调，讲究礼节，讲究和睦圆满的文化精神，从人情味中透露出中式文化精髓。在陈设品的设计上可以通过题字、书法、绘画、器物，借景摆放，呈现出高雅脱俗的灵性境界。传统的大红灯笼能体现出浓郁的中国传统风格。

西餐厅的陈设品在餐厅空间里的运用。西餐厅让你感觉到现实与想象的一致，环境格调高雅、诚恳。西式餐厅的陈设品设计讲究环境的优雅，常常运用的陈设品是烛光、钢琴、红酒、欧式挂件等。

快餐厅的陈设品在餐厅空间里的运用。快餐厅的陈设品应该线条简洁、色彩明快，如具有现代风格的挂画、季节性很强的茶花、随时可以更换的桌布等。

风味餐厅的陈设在餐厅空间里的运用。不同的风味餐厅需要有不同的陈设品，这要求陈设品有很强的文化特征，抓住主题进行陈设品的设计，突出民族性和地方性，选用当地绘画、图案、雕塑、陶瓷器皿、特制趣味灯饰等，让风味餐厅的主题更加鲜明。

（三）餐厅空间里的构成形式

餐厅空间里的构成形式，可以说是设计上的战术问题。合理利用构成要素，遵循形式美的法则来构思，在设计上就会取得成功。餐厅空间设计由于涉及的范围很广，设计要素也不能一概而论。它们之间的组合方式多种多样，是一个比较复杂的问题，总的说来有以下七种表现手法。

1. 统一与变化的构成形式

统一变化是形式美的一种高级形态，也是创造形式美的最高要求。餐厅空间设计通过统一变化的表现手法，引起人们生理和心理上的共鸣，从而产生美感，并联系到音乐的节奏乃至建筑上的柱、门窗等构造要素的排列，形成了衡量美的客观理论尺度。餐厅空间设计中的统一与变化，表现为差异的统一和对立的统一两种手法。差异统一是指各种要素之间呈现出一种和谐的韵律，包括餐厅空间里不同的柱式、墙体、造型等，它们都有各自的差异性，形成了一种差异统一的表现手法；对立统一是不同要素之间对立统一的和谐美，相同形态、相同规律变化，从而起到对立统一的效果。简洁明快的对立统一表现手法往往给人们带来一种强烈的感官效果，恰当地处理次要部位对主体部分的从属关系，使所有细部形态从属于总体的几何形态，并用相似的几何形态将各个部分协调在一起，产生和谐统一的美感，在对比中求统一，在统一中求和谐。(图3-58)

2. 均衡与稳定的构成形式

均衡是大自然赋予人类生理上的一种本能要求。一方面人们在实践中已逐渐形成了一整套与重力有联系的审美体验；另一方面由于视觉的特点，能给予审美感受上的满足。餐厅空间作为视觉艺术，应该

▲图3-58 BARS&RESTAURANTS：Studio Luz Ardvitects／美国

▲图3-59 茶楼——中国式休闲：北京博元舫茶楼

第三教学单元 餐厅空间设计的方法

注意强调均衡中心，或者说只有容易觉察的均衡，才会令人满意。均衡分对称均衡和非对称均衡。对称均衡表现形式，是因为对称形式符合人的生理要求与心理习惯，必然产生美感，在传统美学中认为对称就是美，这是自古以来重要的空间表现手法；非对称均衡表现形式，表现为自由、灵活、生动、经济、轻快、活泼的特点以及动态的美感，突出个性，适应多层次审美心理要求，以显示人类现代生活中的丰富多彩。（图3-59）

3. 对比与微差的构成形式

对比与微差的表现形式很重视造型中的对比关系，如构成形式、空间与结构等，但对比必须寓于统一之中。造型中的微差变化可以细化和增强空间的精美感，使造型更加完美和谐。如餐厅空间设计里的踢脚线、形体之间的收口、整块造型里的图形穿插、构件的连接等都符合视觉心理的细微差别。微差是指要素之间的微妙变化，它能创造出精致细腻的情感，让我们的空间在对比和微差中体现完美的统一。（图3-60）

4. 比例与尺度的构成形式

比例是餐厅空间中相对的度量关系，是物与物之间的比例关系，是空间里各部分相对的尺度。合乎比例和满足美感的尺度是餐厅空间设计形式美的理性表达，是合乎逻辑的显现。餐厅空间里的比例关系表现在实体与空间、虚与实、封闭与开敞、凹与凸、体与量、明与暗的比例关系上。比例的概念和一定历史时期的技术条件、功能要求以及一定的思想内容是分不开的。尺度是餐厅空间里局部与整体的可变要素和不变要素的对比关系，是物与人之间建立起的一种紧密和依赖的情感关系，其目的是使空间更加实用、美观、舒适，所以尺度的合理性还与人的情感有关系。尺度有可能随着人们情感的变化、审美要求的变化而变化，合乎人们心理的尺度关系也要不断地调整和更新。比例与尺度相结合，规定出若干具体的尺寸，以保证餐厅空间形式的各部分和谐有致，符合正常人的审美心理。（图3-61）

5. 主从与重点的构成形式

文艺作品创作中有主题与副题、重点与一般的创作形式。在许许多多的设计要素里，各部分的组合要避免平均对待，千篇一律，不分主次。只有做到有主有次，才能强化主题的内容，才能使文艺作品更有感染力。餐厅空间体现主从关系的表现手法，如通过两边的对称关系，把要表现的主题通过中轴线形成视觉中心，使重点突出；也可以通过大小的造型关系体现主从的关系，视觉上的差异让大体量的主题在人们的面前更注目，从而形成主从关系。（图3-62）

6. 节奏与韵律的构成形式

在生活中，由于有了节奏和韵律，人们的生活才变得如此的精彩。节奏与韵律是人们生理和心理上的需要，是美感的共同语言，也是设计师创作的手段。

在餐厅空间里，节奏和韵律是通过大小的区分、空间虚实的交替、构成排列的有序，在变化中形成富有韵律的优美旋律。（图3-63）

7. 显示与掩饰的构成形式

显示与掩饰是两个对立的统一体，"显示"就是把真实的东西表现出来，以展示自己的魅力；"掩饰"是把真实的物体遮蔽起来，形成一种虚幻和朦胧，在餐厅空间里，常常用来表现空间的层次和形成分隔空间。比如常用磨砂玻璃（或者是冰花玻璃）、纱帘、植物等物质手段来形成空间的显示与掩饰，让人产生朦胧的虚幻美。（图3-64）

▲图3-60 私房茶馆：望洋楼南青山店

▲图3-61 茶楼——中国式休闲：北京更香茶楼

▲图3-62 茶楼——中国式休闲：公园道晓庐茶舍

▲图3-63 茶楼——中国式休闲：北京更香茶楼

▲图3-64 茶楼——中国式休闲：静茶坊／福州排尾路世贸外滩A区

（四）餐厅的设计风格

风格是设计作品富有特色的格调、气度，独具魅力的风姿、神采，是设计师独特的审美见解。通过独特的审美传达活动所反映出来的基本特色，是设计师审美观和设计观念的具体体现，也是设计师在设计中的美学追求。

餐厅设计风格的形成，经历了不同时代思潮的影响，才发展成为具有代表性的餐厅风格形式。风格的形成包含了人文、宗教、艺术、文化、社会发展等因素的文化内涵，这里我把餐厅空间风格提出来讲，是希望能从风格里得到创作的启迪。

1. 传统餐饮文化风格

现在有一种时髦的提法就是："激活经典，享受生活。"这是人们对传统风格的怀念和对传统文化喜爱的体现。东方和西方的传统风格有很大的不同。

东方传统餐厅设计风格，以中国为代表。而中国餐厅传统风格又体现在几个阶段。唐代的华丽，宋代的简朴，明代的清雅，清代复杂而繁多的装饰，都具有各自不同的风格特点。传统的餐厅空间里运用了我国室内藻井天棚、挂落、雀替的装饰风格，材料以木构架为主，表现出崇尚自然的特性，造型上较为精美和讲究，形成了我国的传统风格。（图3-65）

西方传统的餐厅风格仍然是仿罗马风格、哥特式风格、文艺复兴风格、巴洛克风格、洛可可风格。古典主义风格最具代表性，人们喜爱这些餐厅风格，更多的是希望从这些风格里去寻求历史的经典和感受传统文化。（图3-66）

▲图3-65 茶楼——中国式休闲：静茶坊／福州排尾路世贸外滩A区

▲图3-66 欧洲精品酒店：香格里拉酒店，建于1896年，曾是法国皇帝拿破仑波拿巴侄孙罗兰波拿王子的宫殿。

▲图3-67 开放式餐厅

▲图3-68 主题餐厅：美式机车主题餐厅／中国北京

▲图3-69 主题餐厅：FUEL迷幻咖啡／美国俄克拉荷马

2. 现代餐厅设计风格

现代风格起源于1919年成立的包豪斯学派，强调突破旧传统，创造新空间，重视功能和空间组织。现代餐厅设计风格追求时尚、体现潮流、注重餐厅空间的布局与使用功能的完美结合，装饰风格的特点是造型简洁新颖。具有时代感的餐厅空间环境，是技术与美学思想在装饰上的最大革命，同时也改变了人们的餐厅空间设计理念。（图3-67）

3. 后现代餐厅设计风格

20世纪50年代美国在所谓现代主义餐饮风格衰落的情况下，逐渐形成了后现代主义的餐饮文化思潮。当现代餐厅风格这种纯理性的空间不再为人们所需要的时候，后现代餐厅风格首先以一种叛逆的心态，强调历史的延续性，以人为本，讲究人情味空间，把传统的构件抽象为一种感性与理性相结合的新的文化风格。常用的手法就是把建筑符号，如柱、门、窗进行夸张变形，把拱券进行断裂的装饰形式。对传统风格延续和叛逆是后现代餐厅设计风格的主要特点。（图3-68）

4. 超现实主义餐厅设计风格

超现实主义风格是一个比较前卫的风格流派，追求异常的空间布局、奇特的造型、浓重的色彩、变幻莫测的灯光效果、不同寻常的人体尺度，给人以失去平衡的空间感受，用空间与现实的差异性来寻求刺激，力求超越现实的空间体验。（图3-69）

5. 自然主义餐厅设计风格

由于科技的发展带来快节奏的生活方式，人们希望有一个能取得心理和生理平衡的空间。自然主义风格的餐厅空间的出现正好迎合了人们这样的心理需求，推崇自然、结合自然、回归自然是自然主义倡导的原则。其装饰风格的特点是：使视野更加开阔，给封闭的室内空间以一种室外的神韵，让茂密的森林、巍峨的高山、茫茫的沙漠、辽阔的平原、壮观的大海走入我们的视野。运用天然材料，体现其自然美，显示材料的自然肌理，常用木、藤、竹、石材等，创造出餐厅空间自然、清新、简朴的乡村风格。（图3-70）

6. 简约主义餐厅设计风格

简约主义风格兴起于20世纪90年代的瑞典，本质是把设计简化，强调内在的魅力。它体现为用很少的装饰营造餐厅空间环境，喜欢用天然环保材料，简化室内的装饰要素，让人们的思想在空间里自由地驰骋，让情感在空间里自由地释放。简约主义风格留给了人们更大的空间，让空间富有活力。（图3-71）

7. 雅致主义餐厅设计风格

高雅和清高是雅致主义餐厅风格的特点。没有嘈杂的静谧、难得的品位，使人获得精神上的放松；幽雅的就餐环境，成为紧张工作之余的温馨港湾，这是雅致主义风格追求的目标。在整个空间的风格上体现为淡雅，没有过多的色彩和过多的装饰，一般以明快的格调营造装饰氛围。（图3-72）

第三教学单元 餐厅空间设计的方法 | 77

▲图3-70 主题餐厅：爱琴海餐厅／希腊米克诺斯岛

▲图3-72 咖啡馆和餐厅：Twister 餐厅

▲图3-71 轻食餐厅：Nerua餐厅／西班牙毕尔巴赫古根海姆博物馆内

8. 浪漫主义餐厅设计风格

热情,是浪漫主义风格的要素。以浪漫主义精神为设计出发点,赋予亲切柔和的抒情情调,追求跃动型装饰样式,以起到宏伟、生动、热情、奔放的艺术效果。在餐厅空间里,浪漫主义风格追求有情调的灯光、曲线的造型、情感空间的营造等,使空间更加柔和,充满迷人的气氛。(图3-73)

9. 技术至上主义餐厅设计风格

技术至上主义设计风格是以高科技体现技术流派的一种餐饮风格形式,其特点是崇尚"机械美",表现为突出原建筑结构,没有过多的修饰和堆砌的装饰语言,包括梁板、报警系统、各种管道都一览无余地展现在人们的面前。强调技术就是美的理论,这种风格的餐厅空间也成了喜爱高科技的人的乐园。(图3-74)

▲图3-73 欧洲精品酒店:香格里拉酒店/法国巴黎

▲图3-74 轻食餐厅:Leest剧院咖啡馆/荷兰瓦尔韦克Leest 剧院内

三、单元教学导引

目标

在掌握了餐厅空间设计的基本概念和程序后，在这个单元里，教学目标有两个：一个是学习餐厅空间设计必须掌握好的设计方法，有一个好的学习方法才能有运用知识的能力，在设计的时候才能够合理地运用所学的知识；另一个是必须了解餐厅空间设计的构成要素和不同的构成形式，从构成要素里能了解设计的深度，从不同的形式里学习形式美的法则。

要求

这个单元主要是通过教师讲解和多媒体教学辅导，让学生把握正确的学习方法。方法的掌握十分重要，是终身受益的设计技能，因而这个单元非常重要。

重点

1. 提高学生的学习兴趣，刺激学生学习的欲望，引导学生能动地进行思考。

2. 在餐厅空间设计的构成要素里，分析不同的表现形式和表现手段。

3. 从形式美的法则中，把握不同形式美的审美价值。

注意事项提示

1. 引导学生如何分析研究优秀设计作品，并从中学习与借鉴其成功的要素。

2. 指导掌握和合理安排自己的设计计划表，从而确保设计进程有序地展开。

3. 引导学生从规范里掌握学习的技能，从设计里找到创新的源泉。

小结要点

首先总结整个单元教学过程是否达到了预期设定的两个教学目标，哪个方面完成得比较好，还存在什么样的问题，应该从哪些方面进行改进。

再次重申设计方法与形式美法则的重要性。同学们短期内不可能完全理解与把握，应该进一步深入学习，使其成为自己终身受用的基本素养。

为学生提供的思考题：

1. 为什么说设计方法十分重要？餐厅空间界面的设计方法是什么？

2. 餐厅空间设计有哪些基本的构成要素？在建构特定空间中各自具有什么样的功能作用？

3. 餐厅空间设计有哪些形式美的法则？它们各自具有什么样的审美价值？

4. 从不同设计风格的优秀餐厅空间设计中你获得了哪些启迪和感悟？

学生课余时间的作业练习题：

1. 选择餐厅空间设计里界面的构成要素进行深入的作业练习。

2. 选择1~2个构成要素，试做不同表现形式的作业练习。

为学生提示的本单元的参考书目及网站：

《餐馆卖场设计》 张世琪编著 辽宁科学技术出版社

单元作业命题：

深化第三教学单元的设计方案。

作业命题设计的缘由：

餐厅空间设计面临的实际问题很多，尤其在本单元里学习了设计的整个过程，短时间不可能完成一个设计作业，需要时间来进行分析、整理和细化，所以本单元是在初设方案的基础上来进行图纸的深化。

命题设计的具体要求：

同第二单元。

作业安排的弹性空间：

如果是本科专业或者专科但课时安排时间较长，那么要求把主题餐厅的设计安排在这个单元里来同时进行。

命题作业的实施方式：

采用教师与学生互动的方式，共同探讨，由教师引导，辅导学生顺利完成自己的设计方案。

不管是电脑制图还是手绘制图，都要严格要求学生按照制图规范来进行。

作业规范与制作要求：

按1：50，1：100的比例作平面图和天棚图，立面图按1：50，1：40，1：30，1：20的比例来制图；大样按1：40，1：30，1：20，1：10，1：5的比例来制图。图纸的制图要求严格按照制图规范来完成。

单元作业小结要点：

1. 用图说的方式表达自己的设计思想，总结出存在哪些不足的方面。

2. 看设计制图是否合乎规范，还存在什么样的问题。

第 4 教学单元

餐厅空间设计的主题概念

一、餐厅空间设计的主题文化

二、餐厅空间设计主题的作用与价值

三、如何确立餐厅空间的主题

四、主题展现必须有丰富的情感内涵

五、餐厅空间设计的不同主题

六、单元教学导引

一、餐厅空间设计的主题文化

什么是"文化",至今尚无一个为大家所普遍接受的定义。许多学者从不同的学科角度提出了自己的见解:英国人类学家S.E.B.Tylor(1832—1917年)提出:"文化是一个复杂的总体,包括知识、艺术、宗教、神话、法律、风俗及其他社会现象。"德国哲学家T·莱辛认为:"文化就是精神支配生活……"美国社会学家丹尼尔·贝尔说:"我想文化应定义为有知觉的人对人类面临的一些有关存在意识的根本问题所做的各种回答。这些问题的反复出现就构成文化世界。"

饮食文化的定义——事物原料开发利用、食品制作和饮食消费过程中的技术、科学、艺术,以及以饮食为基础的习俗、传统、思想和哲学,即由人们饮食生产,饮食生活的方式、过程、功能等结构组合而成的全部食事的总和。

餐厅文化主题的定义——餐厅文化的主题运用精练的文化来传达餐饮企业品牌的主张,使文化主题的传播与品牌核心融为一体,以文化为主线,从而理解品牌的属性、个性、形象、价值、内容等。随着社会的发展和人们精神文化需求的提高,追求个性化、多样化的消费观念已成为一种风尚。主题是餐厅的空间环境向目标顾客群体所表达的中心思想和经营理念,也是餐饮企业市场定位和服务定位的一种体现,表达企业为什么而存在的使命。通过一些具体的艺术形象进行传达,主题便成了整个餐厅空间的灵魂。有特色的餐厅空间正是通过一系列人们感兴趣的主题思想,才能在同行业中脱颖而出。餐饮产品、特色服务、独特的造型、贴切的色彩搭配都是为餐厅空间主题服务的,从而也形成了该场所的企业文化标志,为消费者提供了一个很好的企业识别形象,同时也刺激消费者的消费行为。

文化主题价值的核心——文化不属于生物遗传继承的范畴,在社会的进化过程中,很多文化是通过人们的交往而一代一代相传着,比如思想、技术、行为模式、制度、宗教礼仪、社会风俗等。文化是潜移默化的东西,是社会交流的结果而不是遗传所赐予。餐厅空间环境不仅起着传承文化的作用,同时也为人们提供了沟通情感、交流思想的场所,真正让人们在餐厅的空间里享受难得的一份轻松和休闲。

二、餐厅空间设计主题的作用与价值

(一) 有利于餐饮文化的繁荣

文化的繁荣使我们的城市变得更加的美丽。社会的大舞台需要时尚和经典,不同的文化主题让人流连。生活因为有了繁多的主题文化才变得精彩。餐厅空间作为文化的繁荣基地,让我们的生活更加可爱,充满活力。

餐厅空间设计的主题给传统餐饮业带来了活力,同时也让餐饮业有了一个发展的空间。千篇一律的经营理念将尘封在历史里,一些优秀的名特小吃也有机会展示自己的风采,成为餐饮文化市场的亮点,为餐饮文化市场的繁荣起到了推动作用。

(二) 有利于创造企业的品牌效益

文化内涵是品牌的一个重要组成部分,是品牌的有力支撑。打造出自己的文化品牌,推出有个性的文化品牌,使自己的品牌经久不衰地永存在人们的心里,是每个企业的追求。品牌代表一个企业的文化内涵,也标志着一个企业的成功。品牌作为一种无形资产,体现了一个企业的实力,其内涵是多方面的,可以代表企业的经济实力,也可以代表一个企业的历史文化,还可以表达一个企业的经营理念。在众多的餐饮企业文化中,有许多成功的例子,比如"麦当劳"的品牌已深入到世界的各个城市。作为品牌文化,它代表了美国快餐文化的发展历史和美国人的生活方式、生活习惯、个人爱好。它创造了当今庞大的快餐文化连锁的神话,其发展速度之快令人惊讶。

（三）有利于激发餐厅空间不断创新

企业未来的滚滚财富源于文化主题的不断创新。简单地说，创新就是财富——明天的财富，没有创造性的主题就没有企业的明天。如果我们看到别人成熟的餐厅空间文化主题就照抄照搬，盲目抄袭别人的主题来经营自己的餐饮业，最终必将导致企业的失败。应该清醒地看到，单一需求的市场环境已经过去，取而代之的是富有个性、多样化的文化产品。只有走创新之路才有自己生存和发展的空间。因为任何一家餐饮业都不可能满足餐厅空间文化市场的整个文化需求。文化创新就是在餐厅空间树立与众不同的文化主题，为消费者提供独具个性的餐饮文化观念，从而建立起自己的品牌。当我们在用文化作为主题冲锋陷阵打天下的时候，当具有创新意义的主题空间取得了瓜分市场份额与销售优势的时候，就是自己的企业取得胜利的时候。

（四）有利于引导人们个性化的消费

餐厅文化空间设计的主题价值还在于引导人们的消费趋向。人们的消费心理极为复杂，如何激发人们的消费热情是值得商家认真研究的重要问题。对一个企业文化的认知是多方面的，如听别人介绍、亲自体验、喜爱、依赖等。

被称为上帝的消费者，一种是"头回客"，另一种就是"回头客"。他们支撑着餐饮企业的一切经营和发展。餐厅空间设计的文化主题又是促使"头回客"变成"回头客"的一个很重要的平台，只有搭好这个平台，才可能使企业获得相对稳定的市场份额。

（五）有利于促进人际交往与交流

餐厅文化空间设计的主题不仅仅是为了提供一个好的销售场所，更重要的是体现产品与服务的内在价值——在享受美食过程的同时提供人际交流的空间与气氛。

（六）有利于改变企业员工的精神

风貌优秀的餐厅空间能够增加员工工作的热情和自信，这是一个精神的能源，是让一个企业精神焕发地走向辉煌的关键。因为员工直接面对消费者，员工的情绪直接影响消费者的情绪甚至于整个消费过程。

三、如何确立餐厅空间的主题

（一）进行必要的市场调查

在一个餐厅空间设计的主题确立之前，必须对市场进行全面的调查了解。因为市场不仅制约着经营的形式，同时也关系着文化主题的确立，只有通过调查才能有针对性地开拓市场，使企业在激烈的竞争中立于不败之地。餐饮市场是庞大的消费市场，由于客人的需求不同，文化品位不同，因此需要呈现不同的餐厅文化主题来满足人们的精神需求。了解市场，把握大量资料，对市场进行综合分析，才能了解人们的经济状况和喜怒哀乐。因为人都是通过交往和交流来增进感情的，不同爱好的人会不约而同地汇集在一起，只要我们深入进去，就可以了解到不同客人的需求状况，并以此把不同爱好的人们分为很多类型，然后在这些类型中进行筛选，过滤出最有发展潜力的人群。然后抓住人们的心理需求，确定有深度的餐饮文化主题，更好地把握商机。

（二）了解经营的产品内容

我们所出售的产品能否满足人们的需求，无疑是我们选择主题文化定位的重要因素。产品包括服务的条件、环境的特征、产品的构成等多方面的因素。比如一个经营日本寿司产品的餐厅，必将选择日式餐饮文化主题。而一个日式餐饮空间，空间设计的主题必须与日本的文化、宗教、生产、生活密切相关。建筑结构以及空间关系都必须遵循日本本土的设计理念，一般以日本传统的低矮小屋为主要空间形式，本色的推拉门，日式席地而坐的用餐形式，低矮的餐桌，身着和服的服务生，天然的竹、木是装饰造型的主要材料，这些都构成了日式餐厅的主题特点。日本的餐饮文化是世界餐饮奇葩中的一朵，在世界上占有非同小可的位置。

（三）确立设计主题的创意构思

一个文化产品投放市场，其主题的确立必须具有创意。确立设计主题的创意构思，要进行必要的分析和了解。准确了解主题的文化内涵，在众多的餐饮文化主题中，要分析该主题是属于哪一类型的文化产品，如以民俗为主题的餐厅空间，应该以民俗文化为背景，提炼民俗文化的精髓，反映其深刻的文化内涵，可以以民俗的文化传统、民族服饰、生活物品、民族歌舞、民族生活习惯等为主题构思，形成具有鲜明个性的主题思想。

又如以文学为主题的餐饮文化，优秀的文学作品是我们取之不尽的创作源泉，文学作品本身具有很明确的主题思想，它影响着一代又一代的人们，人们的情绪很容易受到文学作品的感染，引起共鸣和认可。当餐厅的文化主题以文学作品为依托时，我们必须对文学作品有深入的了解，抓住作品最能打动人心的地方：情节、人物、或是场景……

餐厅空间设计是创造者表达情感的一个心理过程，把情感堆积在餐厅文化空间里，通过一定的文化语言和文化符号传达特定的文化情感。人们在潜意识里把空间情感融化在自我的情感中，这是一个高级的情感交流过程，通过视觉感官的交流来获得这种情感，通过一定的形式语言来体会这种情感，达到精神上的享受。

四、主题展现必须有丰富的情感内涵

（一）不同造型体现的情感内涵

造型的差异性是我们用来区别两种不同形态的表现手段，从不同的造型可以获得不同的情感内涵。

直线代表着纯正和理性，造型规整、准确而清晰地呈现在人们面前，在餐厅空间里常常被用来表达庄重而理性简洁的情感内涵，常用在宴会厅、快餐厅等场所。

弧线给人以柔和轻盈的节奏旋律。弧线造型的空间体现轻松愉快的情感内涵。

体量的变化强化空间的落差，具有很强的视觉冲击力，能丰富空间的层次，体现时代感、运动感和不稳定感的情感内涵。

凸起和下沉的造型。凸起和下沉的标准是以地平面为依据，凸起的造型容易形成视觉的中心，不仅丰富了空间的层次，同时也给人以依赖和信任的情感内涵，所以凸起部分的情感内涵往往是和主题紧紧相连的；下沉的造型给人安全感，让人在心理上有一份轻松、安然的自由感。

架起的造型不同于凸起的造型，它保留了原有的地面空间，体现的是亲切、和睦的情感内涵。

虚拟分隔的造型。这是一种模糊的分隔形式，没有明确的界定关系，常常表达朦胧、虚幻、若即若离的情感内涵。表现手法很多，如纱帘、植物、光线、水体……

（二）不同色彩体现的情感内涵

色彩只是一种物理现象，本身并没有生命。但人们在长期的生活习惯中，由于视觉经验的积累，知觉与色彩刺激产生一定的呼应时，就会引起情绪的反应，色彩便被赋予了情感内涵。

红色调体现的情感内涵。红色在所有的色彩中最能刺激人们的神经，加速脉搏的跳动，给视觉强烈的热情的感受。但在有些情况下对有的人也会产生压力感，使之出现躁动的感觉。所以红色调的空间常常出现在欢快的娱乐场所，刺激人们最敏感的神经，使其在不自觉中宣泄自己的情感。（图4-1、图4-2）

▲图4-1 EAT SHOP NRINK: MANDARIN ORIENTAL PARIS

▲图4-2 EAT SHOP NRINK: MANDARIN ORIENTAL PARIS

黄色调体现的情感内涵。黄色给人以高贵、娇媚的感觉，中国古时一些朝代还把黄色作为帝王的专用色彩，所以黄色所特有的华贵感是其他色彩不具备的。黄色调的餐饮文化空间还可以使人感到光明和喜悦。（图4-3）

绿色调体现的情感内涵。绿色充满了生机，是焕发勃勃生机的象征色彩。绿色让人感到青春、健康、和平。从健康的角度讲，绿色有助于消化，促进身体的平衡。绿色调的餐饮文化空间体现了健康的情感内涵。（图4-4）

蓝色调体现的情感内涵。蓝色让人联想到广阔、深远，比如蓝蓝的天空、波浪滔滔的大海。忧郁的情感总是与蓝色连在一起，使人感到幽雅、宁静和淡淡的伤感。（图4-5）

玫瑰色调体现的情感内涵。罗曼蒂克的玫瑰色往往象征着浪漫的爱情和人世间珍贵的缘分，于是玫瑰色留下的永远是罗曼蒂克的情感内涵。（图4-6）

（三）不同材质表达的情感内涵

材料是我们表达设计理念的手段。不同的材料由于属性不同，导致材料表面的反射比不同，从而给人带来不同的视觉感知。运用不同材质的组合和技术加工，创造出不同的风格，同时也带给人们不同的情感内涵。这里主要从材质的表面肌理和质地来探讨情感因素。

材料肌理和质地实在太多，由于加工工艺的不断更新，材料的纹理也在不断地发生着变化。每年推出的新材料数不胜数，天然材料和人造材料同时装点和美化着餐厅空间，给人们带来不同的情感内涵。

天然生成的材料体现清新、朴实、回归自然的情感内涵，所以我们常把天然材料用在风味餐厅和度假餐厅里。不同的天然材料也给人不同的感受，如实木材料更贴近自然，给人踏实、静心的原始情感内涵；天然大理石给人高贵、不浮躁的感受；在天然花岗石的刚毅、挺拔中能获得坚定的情感内涵；在天然的鹅卵石中能嗅到泥土的芬芳，感受到大自然的多彩和温暖。

纺织品的材料能让人体会到那无言的柔情和最缠绵的温柔：丝绸的华贵、纱帘的朦胧、蜡染的朴实、缎面的高贵……

从光泽材料中，我们能感受到洁净和现代，获得轻松愉快的情感内涵。

玻璃材料的魅力：玻璃的加工工艺发展令人吃惊，我们从这些品种繁多而且非常漂亮的玻璃材料里，感受到的是晶莹剔透的水晶般的心灵净化。玻璃的折射让人眼花缭乱，精美的刻花玻璃、纯净的水晶玻璃、透明的清玻、朦胧的冰花玻璃、华美的夹丝玻璃……都给人带来不同的情感内涵。

不同的餐饮文化主题给人不同的心理感受。很多文化素材和文化时尚都能构成餐厅空间设计的主题。下面我们就举例说明几个不同主题的餐厅空间设计。

▲图4-3 会所设计：温州市华侨饭店名人会所

▲图4-4 主题餐厅：又及餐厅

▲图4-5 BARS&RESTAURANTS: Karim Rashid

▲图4-6 EAT SHOP DRINK: NEBULA

五、餐厅空间设计的不同主题

（一）以文化内涵为主题

以文化内涵为主题永远是餐厅空间设计取之不尽的设计源泉。历史的发展和演变使很多有价值的文学作品成了我们宝贵的文化遗产，如果能巧妙地运用，就能让我们的文学作品以餐饮文化形式，再现它的风采，让人们在餐厅空间里陶冶情操。

以名著《三国演义》为主题的餐厅。中国四大名著之一的古典小说《三国演义》，是百看不厌的传世佳作，而以三国为主题的餐厅空间，也深受人们的喜爱。广州花园酒店的中餐厅里，在名为"桃园厅"的包间里营造了桃园结义的餐饮文化氛围：华丽的宫灯、古朴典雅的座椅、中国传统的木质横梁结构，隔断精美富有个性，刘备、关羽、张飞的人物画像点明了主题，使餐饮空间充满了浓厚的人情、义气和豪爽的三国情怀，整个餐厅倍感温暖、亲切。

"孙尚香酒家"也向人们推出了"三国宴"，这是坐落在无锡三国城景区内湖边的一个以三国文化为主题的餐厅空间设计。无与伦比的望湖风景，无可挑剔的江南美食，菜肴也充满了三国情怀：比如"火烧赤壁"，用草菇、猴头菇、香菇做的"三顾茅庐"，草虾做的"草船借箭"，苦瓜做的"苦肉计"，鸭舌做的"舌战群儒"等特色菜，颇具文化内涵。

（二）以文化符号为主题

人类在进化的过程中不断创造自己的文化，而文化的不断积淀形成了特定的文化符号。文化符号就是将文化的创造过程与成就记录下来。有很多的文化内涵是通过文化符号表达出来的，具有文化内涵的符号可以传达更深的文化内涵。

以龙为主题的餐厅。中国的龙文化源远流长，渗透到中国社会的各个方面，成为一种文化的凝聚和积淀，成了中国的象征、中华民族的象征、中国文化的象征。对每一个炎黄子孙来说，龙的形象是一种符号、一种意象、一种血肉相连的情感！"龙的子孙""龙的传人"这些称谓，常令我们激动、奋发、自豪。龙的文化除了在中华大地上传播承继外，还被远渡海外的华人带到了世界各地，在世界各国的华人居住区内，最多和最引人注目的饰物就是龙，因此，"龙的传人""龙的国度"也获得了世界的认同。

我为四川绵阳市"天龙王朝大酒楼"所做的餐厅空间设计和施工监理便是以龙为主题。酒楼负责人希望用他所经营的餐厅来弘扬中国传统文化。作为龙的传人我们有责任和义务发扬传统文化，创造出具有中国特色的餐饮文化事业品牌。大酒楼的入口运用两条金龙缠绕的红漆柱拉开了"天龙王朝大酒楼"的序幕，入口大厅，以对称中轴线为踏步，两边龙雕带领客人进入一个以龙为主题的中式餐厅。在这样的环境里人们感受到的是作为一个中国人的自豪和对本民族文化地深深叹服。龙的元素在整个餐厅空间里反复地点题，从标志、菜单、装饰品、服装、服务态度、餐具、设施、窗花等方面打造了一个具有浓郁中国风味的空间氛围。（图4-7）

▲图4-7 私房菜馆：轻井泽三多店

（三）以中国的语言符号为主题

以中国的文字为主题的餐厅。北京的"金湖茶餐厅"用百家姓文字来体现民俗文化的精神。它以古文字为主题，展现了源远流长的中国文字历史。在此就餐既能感受到中国传统的美食，又令人陶醉在中式文人的氛围里。（图4-8）

（四）以思古怀旧为主题

以民居四合院为主题的餐厅。社会的发展和进步，让人们远离了四合院。高楼大厦里鸽子笼式的住宅空间，独门独户而形成的陌生感，隔离了人们的交往和友情，使得人们更加怀念以前四合院时的亲切感，希望能通过四合院的主题空间找回以往和睦的比邻关系，找回浓郁的人情风俗。一些商家就利用人们对过去时光的留恋心理，创造了以四合院为主题的餐厅空间环境。（图4-9）

（五）以历史事件为主题

餐厅空间以历史事件为主题，是指通过历史上有特殊意义的事件来营造环境，充分调动人们的情绪，让人们回到特定的历史时间里，感受当年的生活。

以知青为主题的餐厅。知识青年上山下乡属于那个特定的年代，"农村是个广阔的天地，在那里是大有作为的"，那段特殊的知青生涯是抹不掉的经历。在发黄的照片里，记载了那段难忘的岁月，曾经有过的痛、曾经有过的伤、曾经有过的希望和青春岁月，都毫无保留地留在了那片广阔天地里，一生一世都无法忘却。北京开设的一家"知青饭店"，正是利用那一代人相同的经历，运用知青们熟悉的物品、熟悉的老照片、熟悉的老歌来烘托餐厅空间的文化主题。

（六）以著名人物为主题

餐厅空间借助著名人物的影响力，利用人们对著名人物的崇拜心理，吸引人们来此就餐。

以毛主席为主题的餐厅。北京有一家"毛家菜"酒楼，这家酒楼很明确的就是以伟大领袖毛主席为主题。在很远的地方就可以看见"怀念毛泽东，品尝毛家菜"的霓虹灯大字，进门就见一尊以韶山冲为背景的毛主席的半身像。酒楼装修的格调很有王者气派，连包间的名字也取自毛主席生活和工作过的井冈山、遵义、韶山……"土豆烧牛肉"等菜名用在餐饮文化里倍感亲切。随处可见毛主席的诗词，悠扬的革命歌曲《红太阳》飘荡在餐厅里。"红烧肉"代表了一个艰苦的时代，毛主席最喜好"红烧肉"，在打大仗之前他吩咐"来碗红烧肉"，庆贺打了胜仗他也吩咐"来碗红烧肉"。人们到这里，除了一饱红烧肉的口福外，更多的是体验一下革命战争年代的生活。

▲图4-8 东方盛宴：好客山东·大丰餐饮

▲图4-9 私房菜馆：梅林阁

六、单元教学导引

目标

这个教学单元主要是针对本科专业或者专科但课时安排时间较长的学生设置的。本单元从文化研究的角度，对餐厅空间设计这个领域做了更深入的研究。主要从市场的文化需求、人们的心理活动、宗教信仰、社会的文化发展来进行研究。餐厅空间的设计离不开文化这个主题，只有具有鲜明的文化主题，才能使设计作品更加人性化，更加具有感染力。

要求

空间，对许多人而言是不具任何意义的，因为他们往往着眼于整体视觉呈现，然而对设计者来说，它却是一个可无限挥洒的天地。本单元通过对设计风格的学习与把握，引导学生在餐厅空间设计中体现消费者的尊贵，环境的高雅、纯净，文化厚度等，让文化激起人们的情感，让文化走进消费者心里。以餐厅为平台，融入更多的文化要素，呈现更加感人的文化氛围，从而让餐厅空间设计更接近完美。

重点

教学过程中主要以人为主体，以人性为核心，包括人的行为、心理活动、情感需求、人际交往等多方面的因素来研究文化，展开教学的各个环节。

注意事项提示

由于文化主题研究是一个庞大的体系，在研究的过程中，教师必须引导学生有目的地研究。可以和学生一起拟定一个主题，围绕一个文化主题做深入的研究，查阅这个主题的文化背景，整理搜集的资料，把这些意识形态的文化转换成设计的视觉语言。

小结要点

学生在设计餐厅主题时是否准确清晰地把握了主题的特定内涵。设计理念是否与主题相符合。主题在餐厅中的呈现是否鲜明。文化的主线是否贯穿在整个空间里。情感的表达是否能引起消费者的共鸣。主题餐厅的设计一定要确定一个特定的消费群体，针对这一群体来展开文化的研究，了解这一群体的文化背景、习惯、爱好、喜、怒、哀、乐等一系列心理活动。

为学生提供的思考题：

1. 色彩在餐厅空间里是如何表达情感内涵的？举例说明。
2. 文化主题在餐厅空间设计里的重要性体现在哪些方面？
3. 如何打造一个具有特定文化内涵的餐厅？应从哪些方面入手？

学生课余时间的作业练习题：

查阅和学习优秀的主题餐厅设计的案例，看一些人文方面的书籍。

单元作业命题：

主题餐厅设计（如果要做这个课题，必须在第一周就贯穿在设计思想里，加强同一课题的深度）。

作业命题设计的缘由：

餐厅空间是人们进行社会礼仪交往和情感交流的重要场所，餐饮消费更是现代人享受不同品位餐饮文化的生活方式。优秀的餐厅空间设计能有效地提升人们的美学品位和艺术审美能力，使人在享受美味的同时获得一种特殊品位的文化体验，所以文化消费已成为一种时尚，成为促进个性化消费的一种手段。

命题设计的具体要求：

选择和表现的文化主题塑造要有鲜明的个性，内容和形式要完美统一，避免内容与形式相互分离，甚至相互矛盾和冲突的文不对题的设计表现。

命题作业的实施方式：

用多媒体教学介绍优秀的主题餐厅设计的案例，教师介绍一些文化研究的书籍让学生自学，学生与教师做文化研究的互动，教师和学生一起做课题的市场调查。

作业规范与制作要求：

按1：50，1：100的比例作平面图和天棚图，立面图按1：50，1：40，1：30，1：20的比例来制图，大样按1：40，1：30，1：20，1：10，1：5的比例来制图。图纸的制图要求严格按照制图规范来完成。要求写2000～3000字的设计说明（包括市场调查报告、设计理念、设计命题、设计方法、设计采用的手段等）。

单元作业小结要点：

1. 学生在进行主题餐厅设计时思路是否清晰，是否做到心中有数。
2. 学生对特定主题餐厅的整体规划是否科学合理。
3. 设计方案中细部处理是否到位，设计是否显得较为深入丰富。
4. 设计制图是否合乎规范要求。
5. 施工图是否符合施工要求。
6. 交底报告是否表述清楚（这是学生学习该课程的一个评判标准），存在什么样的问题。

后记

我从四川美术学院毕业以来,一直从事室内设计、装饰项目施工、室内设计教学等工作,并结合我从事的专业对室内设计、装饰材料与施工工艺做了大量的研究。在2009年与刘蔓教授编写了《商业空间设计》(上)一书,从文化的角度来研究餐饮空间,该书已被采用为四年制本科的高校教材。本书注重基础理论和技能方面,针对高职教育而编写。

我在撰写这本书的过程中,做了大量社会调查,查阅了很多资料,从理论到实践、从学习方法到知识的掌握,论述力求由浅入深,尽量做到论据充分、举例恰当、利学利教。

本书得以出版要感谢四川美术学院设计系和成都艺术职业学院的领导,在写作上给予了我鼎力的支持。

我很荣幸有我的导师刘蔓教授长期的鼓励和支持,我在写作过程中遇到困难需要帮助的时候,她总是随时放下手里的工作与我一起讨论,提出诚恳的批评,不断地修正我在写作时忽略的点点滴滴,在此深表感谢!

在此我要深深地感谢关心和支持我的朋友们,我在写作的过程中一直得到他们的关注和支持,谢谢他们和我一起查阅资料、做市场调查。还要感谢成都市卓引建筑装饰设计有限责任公司为本书提供了大量的图片。正是他们的鼓励和支持,才能使这本书顺利完成。

本书能够顺利地出版,也离不开"高职高专艺术设计专业教材"的编委们对我的信任,特别是本书的编辑做了大量的工作,正是有了他们辛苦的付出,本书方得以面世。

本书选编了大量国内外优秀的作品作为实例论证,因篇幅所限不能一一列出,无法一一跟作者取得联系,在此谨向这些优秀的作者专家们表示深深的感谢。

参考文献

[1] 黄浏英. 主题餐厅设计与管理[M]. 辽宁科学技术出版社
[2] 张世琪. 餐馆卖场设计[M]. 辽宁科学技术出版社
[3] 赵荣光. 中国饮食文化概论[M]. 高等教育出版社
[4] [中国台湾]萧玉倩. 餐饮概论[M]. 湖南科学技术出版社
[5] [美]约翰·菲斯克著,杨全强译. 解读大众文化[M]. 南京大学出版社
[6] 黄文波. 餐饮管理[M]. 南开大学出版社
[7] 华国梁,马建鹰,赵建民. 中国饮食文化[M]. 东北财经大学出版社
[8] 黄浏英,李菊霞,林翔. 餐饮品牌营销[M]. 辽宁科学技术出版社
[9] 任百尊. 中国食经[M]. 上海文化出版社
[10] [美]朱丽叶·泰勒编著,杨玮娣译. 主题酒吧设计[M]. 中国轻工业出版社
[11] 徐佳兆,张霞. 风情餐吧[M]. 辽宁科学技术出版社
[12] [美]理查德·克里斯汀著,李永君,刘君译. 商店与餐厅设计[M]. 中国轻工业出版社
[13] 国际装潢新潮丛书编写组. 酒店餐厅设计装潢新潮[M]. 上海科学普及出版社,香港建筑与城市出版社
[14] 刘圣辉,徐佳兆. 北京中餐厅[M]. 辽宁科学技术出版社
[15] 符宁,郭健. 现代餐饮空间[M]. 辽宁科学技术出版社
[16] 徐佳兆. 亚洲风格餐厅[M]. 辽宁科学技术出版社
[17] [美]马丁·M.佩格勒编著,胡倩如,王向阳,王景宝译. 娱乐餐饮空间[M]. 江西科学技术出版社
[18] Bbthan Ryder著. 林晓红,吕楠译. 酒吧与俱乐部设计[M]. 辽宁科学技术出版社
[19] 奥罗拉·奎托,勒詹多·巴哈德. 酒吧与餐馆[M]. 大连理工大学出版社
[20] 关鸣等. 消闲空间之西餐厅·酒吧[M]. 中国计划出版社,贝思出版有限公司
[21] 韩国建筑世界株式会社著. 餐饮空间[M]. 大连理工大学出版社
[22]《商业空间》杂志2005年第7期
[23] 深圳市金版文化发展有限公司. 餐饮·厅吧[M]. 清华大学出版社
[24] 徐佳兆等. 新上海餐厅[M]. 辽宁科学技术出版社
[25] 徐佳兆著. 刘圣辉摄影. 中式风格[M]. 辽宁科学技术出版社
[26] [西]汉那·牛顿著. 林孟夏译. 餐馆设计经典[M]. 福建科学技术出版社
[27] 悠悠京城风韵(2005北京最佳餐厅设计)[M]. 辽宁科学技术出版社
[28]《空间》杂志1999年第2期
[29] 崔笑声. 设计手绘表达[M]. 中国水利水电出版社
[30] 武峰. CAD室内设计施工图常用图块[M]. 中国建筑工业出版社